日本を動かした
50の乗り物

幕末から
昭和まで

若林宣
Toru Wakabayashi

原書房

日本を動かした50の乗り物　幕末から昭和まで

目次

まえがき

　この本は、飛行機や鉄道、自動車、あるいは船舶などを趣味の対象としている人に向けてではなく、少しばかり乗り物に興味を持っているかもしれない、そういう人を対象として書きました。というのは、乗り物について大きく興味を持っている人に向けてその知識をさらに深めるように書かれた本はたくさんありますが、それに比べて、少しばかり興味を持っている人を対象に、それぞれの乗り物についてもうちょっとだけ知ってもらおうとする手ごろな本は、意外と少ないように思われたからです。

　一九世紀以降の世界は、それより昔では考えられなかった勢いで狭まってきました。交通機関や通信手段の発達により、地球上のどこかに人やモノや情報を送り届けるのに必要な時間がどんどん短くなっていったのです。これは、空間的な隔たりを、所要時間を短くすることによって克服してきたということでもあります。

　絶え間のない時間的距離の縮小は、地球上のあちこちにあった世界観や価値観を異にする別々の世界を、たちどころに一つの世界に統合する過程でもありました。それは利便性を高める反面で、人類にあまねく幸福をもたらすどころか、通信手段や交通手段を手にした者が経済的にも軍事的にも優位に立ち、遅れて統合された人々が大きなハンディキャップを抱えたまま競争にさらされるという事態を招くことでもありました。また現在では、交通手段や通信手段の維持発展に膨大なエネルギーを必要とするところから、環境への配慮も強く求められるようになってきています。

さて我が国は、ペリー来航を一つの契機として諸外国との通商を本格化させ、やがて近代と呼ばれる時代に移り変わりました。いま述べたような一体化しつつあった世界には遅れて参入することになったわけですが、やがて日本は、有力な交通手段や通信手段を自ら持つ国になっていきます。本書は、統合されつつあった世界に遅れて参入した国が、どのようにして交通手段を手にし、それをもちいて何をしたのか、あるいはもちいることによって何がもたらされたのかという、その過程を描き出したものです。

近代の乗り物は、鉄道車両も自動車も、また船も飛行機も、総合産業という形態をとっています。部品の一つ一つが高度な工業製品であり、したがって関連産業の発達も重要です。国内で調達することが難しい部品であれば、国外に依存する必要も出てきます。また、外国製品の方が性能の割に安価だ、ということもあるでしょう。消耗品の供給も重要な問題となってきます。たとえば自動車では、タイヤの調達が困難だったために、せっかく手に入れても使い続けることができなかったということすら起きました。本書がテーマとした近代の乗り物は、そのほとんどが、国外からの概念や技術の導入を欠いては実現しなかったものです。そしてさらには、そうやって作られた乗り物をもちいて何度も戦争を仕掛けるなど、人々にあまねく幸福をもたらすとは決して言えない使われ方がなされた面もあります。ですから本書は、単なる乗り物礼賛にとどまらぬよう、今述べたようなことに対する問題意識を持ったうえで書くように努めました。

ただし、詳しく書かれた本の内容をただ薄めるような、そういう書き方はしないように気をつけたつもりです。開発状況や性能、また使い勝手やサービスなどについての詳しい話は他の本にまかせて、本書では、乗り物と社会の歴史的な関係やその意義についてできるだけ書くように努めてみました。ですから場合によっては、ある乗り物について詳しく書かれた本にはあまり載っていないような話題が出てくるところもあります。

各章の配列は、概ね古いものから順番に並べてあります。ですから、その姿かたちから随分と古いもののように思えるものが意外と新しい時代のものであることに気付いたりすることもできるかもしれません。たとえば、地上で大きな蒸気機関車が走るようになった時代でも、飛行機の姿は古めかしく、また自動車は満足なものを作り出すには至っていないという風に。

もちろん、読むにあたって、必ず前から順番に読んでいかなければならないということはありません。目次をご覧になって、興味を持ったトピックから読んでいただいてもかまいません。

トピックは、すべてではありませんが、できるだけ高校の日本史教科書を意識して選んでみました。もちろん、あまり教科書と関係なさそうなものもありますが、その時代に何があったのだろうと教科書をひも解いていただければ、著者も気付かなかったような思わぬつながりを発見できるかもしれません。

なお本書では「人足」や「車夫」といった現在では使われない言葉が出てきますが、歴史的な用語として、また輸送に関わる労働者の低かった地位を表すものとして、当時の言葉をそのまま使いました。このあたりについて少し詳しく述べますと、たとえば明治時代後期の警視庁では、公衆に対しては「あなた」「もしもし」と懇切丁寧に対応するべきだとしつつ、「車夫」など特定の職業やそれ以下と見なした人たちに対しては「おまえ」「おいおい」という言葉づかいを標準とするよう取り決められておりました。このように職業を基準として差別的に扱われてきたことから「人足」「車夫」は蔑称という性格も持つことになり、そのため現在では、その取り扱いに注意すべき言葉となっています。

それでは、最後まで本書にお付き合いいただければ幸いです。

幕末

1 〝くるま〟の登場

車輪が広く使われるようになる

江戸時代を通して、街道を利用した陸上交通は幕府の強い統制下にあった。その基本となるものの一つが、宿駅・伝馬制といわれるものである。街道における移動手段は人力（徒歩）もしくは畜力が基本であった。荷物の運送は、人足が背負って運ぶか、さもなくば馬に荷鞍を載せて背から振り分けるように載せて（駄載）、それを人が曳いて運ぶという方法がとられた。これらの人馬は宿駅ごとに用意されており、一宿ごとに継送、すなわち宿駅に着くたびに人足や馬を取り替えながら運送をおこなった。この仕組みを人馬継立制と呼ぶ。ここで必要な人と馬は、宿駅ごとに賦役として課せられており、公用通行者には一定の枠内で無償、もしくは定められた賃銭での提供が義務付けられていた。だがその賃銭は一般の貨客運輸と比べて低廉であり、また無償利用の枠も特権を持つ公用通行者によってしばしば破られていたという。

また、街道における車の利用は基本的に認められていなかった。せいぜい、農耕用に農具などを運ぶ車が認められたにすぎない。

だが街道における人や物資の往来が盛んになると、宿場ごとに定められた人馬の数では需要に応じきれないようになっていった。とりわけ大名行列などのような大掛かりな往来ともなれば宿場常備の人馬では対応できない。そうしたことから宿場近隣の農村に人馬を補助的に提供する夫役を課すことになった。この夫役を課された農村を助郷というが、夫役を課す制度そのものも助郷と言った。宿場や助郷の負担を軽減する方策は色々と試みられたが、いずれも弥縫策にすぎず、根本的な解決にはならなかった。

一方、江戸や大坂（大阪）、京都など限られた都市では、大八車など荷車の使用が認められていた。大量の物資が集散する地では、たとえ運河による舟運が発達していたとしても、そこから陸揚げした荷物を大量かつ迅速に輸送する手段が必要とされたのである。だがこの場合、橋の強度が障害となった。市中全ての橋が通行不能だったというわけではないが、荷物を満載した荷車の通行に耐えられない橋も存在し、たとえば江戸では新開地の深川に架けられた橋は脆弱で、荷車はこうした橋を利用しないよう運用されていた。また、特定の橋を渡らぬよう奉行所から触れが出されることもあった。

しかし幕末になると、現実を前にさしもの統制も緩み、街道上に車が姿を現すことになる。その契機は概ね二つである。

一つは、宿駅・伝馬制による民衆の負担増大である。時代が下るにつれて、宿駅（宿場）やその周囲の助郷（宿駅を支援するべく定められた近隣の農村）にとって人馬の提供という賦役は重い負担となっていった。馬の絶対数の不足もあり、交通量の増大に応じきれなくなっていったのである。

また馬を飼養するコストも宿駅の財政を圧迫する原因となっていた。そこで、それまでの人や馬に頼った運送方法ではなく、より少ない負担でより多くのものを運ぶ方法が求められたのである。こうして、街道における車両の利用が願い出されることとなった。

もう一つは、開国である。外交関係の樹立にともなってアメリカをはじめとする各国の公使館や領事館が馬車を持ち込んだ。それまで日本には、牛車はあっても馬車はまず存在しなかった。船の難破から救助され国外の生活を体験した漂流民を除いて、馬が牽く乗り物を多くの日本人が目にするようになったのはこれ以降のことである。

宿駅による車の利用は、幕末期よりもさかのぼる弘化三（一八四六）年、中山道の

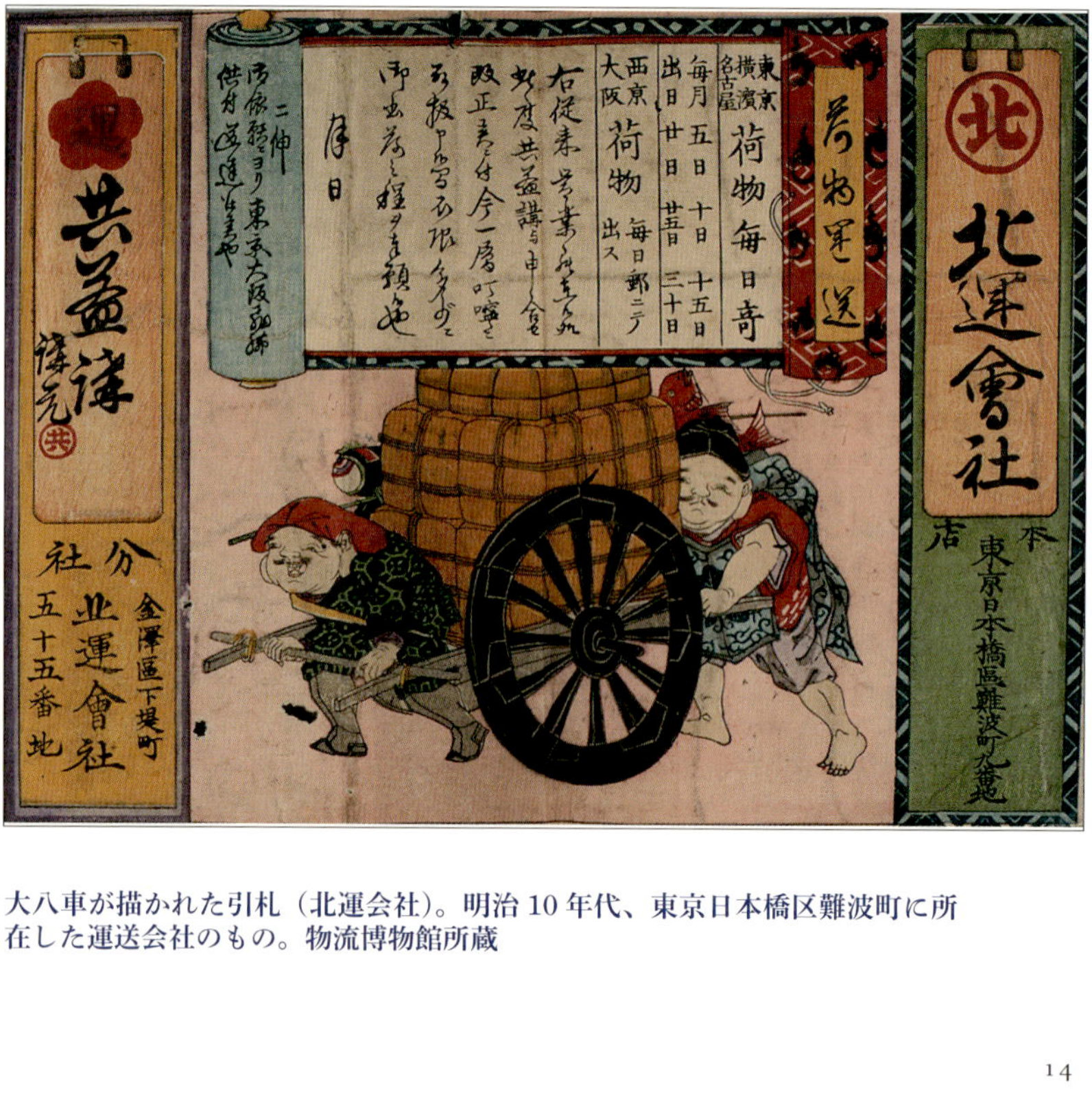

大八車が描かれた引札（北運会社）。明治 10 年代、東京日本橋区難波町に所在した運送会社のもの。物流博物館所蔵

今須と垂井の両宿が、板車の使用を大垣藩に願い出た。この請願は嘉永二(一八四九)年に許可され、各宿二〇台ずつ、小型の荷車の使用が始まった。これが、五街道で最初に認められた車の使用である。続いて嘉永七(一八五四)年には東海道の二川、御油、赤坂、藤川の四宿から各宿荷車一〇台ずつの使用が請願され、安政四(一八五七)年に、道路や橋を壊さない、人馬が不足した時のみ使用するといった条件のもとに許可された。

このように街道における車の利用は広がりを見せ、文久二年一一月二二日、幕府は街道における車の使用を許可するに至った。やがて街道を往く荷車は、貨物輸送のみならず旅客営業にまで使用されるようになっていった。

馬車の利用は、先ほども触れたように、外国公館による利用から始まっている。初めは横浜周辺の利用に限られていたようだが、やがて横浜と江戸の往来に利用したいとする声が外国公館側より出され、これも時期は不明ながら許可された。そして慶応二(一八六六)年一〇月、幕府は江戸市中並びに五街道での馬車による荷物輸送を許可するに至るのである。

こうして、日本社会に車の利用が次第に広がっていった。

2

鳳凰丸

洋式大型船自力建造の先駆け

1854（嘉永7）年完成
3檣バーク型帆船、
排水量　推定で約450トン
または約600トンとも
全長　120尺
全幅　30尺
吃水　15尺

ヨーロッパの造船技術を導入しようとする動きは一八世紀にもあり、長崎のオランダ商館長に、技術者の派遣を幕府が打診したこともある。また、廻船の難破が相次いだことへの対策として、日本船、中国船（ジャンク）、西洋船の特徴をあわせ持った「三国丸」という船を一七八〇年代後半に建造している。また一九世紀になると外国船の出現が相次ぐようになったことから、和洋折衷のスループ［小型帆船］「蒼隼丸」が一八四九（嘉永二）年に江戸湾警備を担当する浦賀奉行所で建造された。この船は、技術的には長崎警備にあたっていた佐賀藩からスループの資料を得ていたことにより実現した。当時佐賀藩は、長崎に来ていたオランダの船大工によって造られたスループを、番所や台場への補給船として使用していたのである。また浦賀奉行所は、折しも一八四九年に来航したイギリス艦に与力と船大工を乗り込ませ、仔細に見分させたうえ、概略ながら造船法を聞き出していた。

蒼隼丸そのものは建造の翌年に失火により失われたが、同形船を含め一〇隻ほどが建造された。ペリーが浦賀に来航した一八五三（嘉永六）年、薩摩藩は、琉球防衛を名目として幕府に願い出ていた艦船建造が認められたことから、昇平丸を起工した。また、ペリー来航の衝撃を受けた幕府の命令で、水戸藩の旭日丸も起工している。当時、洋式の大型帆船を建造する能力を持つ藩は、薩摩と水戸の二藩にほぼ限られていた。しかしこの二隻は、わずかな資料から造り上げた関係者の力は称賛できても、造船技術の面から見れば、ヨーロッパで一八世紀後半から一九世紀初頭に書かれた技術書に基づいており、したがって洋式帆船とはいえ、世界的に見ればすでに時代遅れの船でもあった。

さて、薩摩藩と水戸藩が洋式帆船の建造に乗り出す一方で、幕府はオランダより蒸気動力の軍艦スームビング号の譲渡を受けてこれを観光丸とするとともに、軍艦二隻を発注（後の咸臨丸と朝陽丸）、しばらく洋式船を建造していなかった浦賀奉行所もまた、ペリーの来航直後に造船案を幕府に提出した。浦賀奉行所の立案はスループ四隻であったが、それに対して老中阿部正弘は、案を縮小しつつもより本格的な軍艦を建造するよう浦賀奉行所に求めた。それを受けて奉行所は、ブリッグ（二本マスト）軍艦二隻、スループ二隻の建造案を上申する。この案を審議して、最終的に軍艦一隻、スループ二隻の建造が決まった。

このプランにより生まれたのが、鳳凰丸である。

一八五三年一〇月（嘉永六年九月）、浦賀奉行所は洋式軍艦一隻、スループ一隻、および軍艦搭載用の端艇一隻の建造を開始する。なお建造中にペリーの再来航があったが、浦賀奉行所は船大工

鳳凰丸の描かれた掛け軸より、塩飽勤番所所蔵、香川県丸亀市

にアメリカ軍艦の見学をさせている。薩摩藩と水戸藩が古い書籍をもとに建造していたことに比べて、現役の外国軍艦を幾度か実地に見学できた浦賀奉行所は、好条件に恵まれていたということができるだろう。

一八五四年六月（嘉永七年五月）、約八か月という工期で鳳凰丸は完成した。これは一年半から二年を要した薩摩藩や水戸藩よりも早い。構造は竜骨に肋材《ろくざい》を組み合わせ、そこに外板や内板、甲板を貼ったもので、基本的には洋式帆船である。ただし随所に和船の技術も組み込まれており、長短相補う形になっていたことが工期短縮につながったのではないかと考えられている。おそらく実際の設計から建造まで、船大工の裁量によるところが大きかったのであろう。しかしながら肋材の数が比較的少なく、また間もなく蒸気軍艦が主力となることから、鳳凰丸は軍艦としてではなく輸送船として使用されることになった。

さて、鳳凰丸の評価については長い間、実質的に和船で実用性にも乏しかったとする説が有力であった。しかし一九九〇年代になって構造的にも十分堅牢な洋式船であったことが研究により判明し、再評価されている。

3 黒船

西欧近代との邂逅

1853年7月8日（嘉永6年6月3日）来航

江戸時代の日本は鎖国と呼ばれる海禁政策をとっていたが、外国との交渉がまったくなかったわけではなく、幕府自身が管理した長崎貿易や、対馬藩を窓口とする朝鮮との外交と貿易、薩摩藩を通す琉球との貿易、そして松前藩による北方貿易が存在し、海外からの文物や情報が流入しなかったわけではない。

国内では、八代将軍徳川吉宗の頃から蘭学が盛んになり、自然科学を中心に、オランダ語文献を介して、またオランダ船で長崎にやってきた外国人からの教授によって、ヨーロッパの近代科学の摂取がおこなわれるようになった。

さらには、日本人漂流民が外国船に保護されたり、あるいはナポレオン戦争の余波で、イギリス船がオランダ船拿捕《だほ》の目的で長崎に侵入する（フェートン号事件）ということも起きた。

だが、そうした海外との接触はあっても、国内体制にかかわる変化や技術変革といった影響はきわめて限定的であった。とりわけ幕政批判につながる言説は、峻厳な取り締まりの対象となった。ところが一九世紀も半ばになると、開国を求める動きが欧米の中から出てくる。一八四四（天保一五）年には、オランダ国王より鎖国を解くことを求める親書が幕府に届けられている。一八五三年七月八日（嘉永六年六月三日）、浦賀沖に、マシュー・ペリー（一七九四～一八五八）率いる四隻のアメリカ軍艦が姿を現した。いわゆる黒船である。アメリカが日本に開国を求めてやって来るという情報はオランダ側より入手していたが、これといった対策は立てられていなかった。このとき幕府は大統領の親書を受け取っただけで返事を一年後に先延ばししたが、それよりも早く、およそ半年後の一八五四年二月一三日（嘉永七年一月一六日）、ペリーは再び浦賀に現れた。ここで日米両国による協議が開始され、三月三一日（三月三日）、日米和親条約が締結され、鎖国体制は終わりを迎えたのである。

このとき結ばれた条約の内容は、薪水、食糧および石炭の補給と、遭難者の人身・財産の保護を目的としている。当時アメリカは、鯨油の需要をまかなうため太平洋で捕鯨をおこなっており、補給地を設けることと遭難者の保護は重要な課題であった。

アメリカの動きは、他の国も刺激した。ロシアは、エフィム・プチャーチン（一八〇三～一八八三）を日本に派遣、一八五三年八月二二日（嘉永六年七月一八日）に長崎に来航して国書を長崎奉行に渡している。プチャーチンは、クリミア戦争勃発により英仏両国が太平洋に差し向けた艦隊を警戒するためにいったん長崎を離れ、一八五四年一月三日（嘉永六年一二月五日）に再び来航、幕府全権と交渉している。このときは条約締結に至らなかったが、一二月三日（嘉永七年一〇

ペリーが浦賀へ来航した時の様子を描いた図巻のなかの黒船。『ペリー来航図巻』第４紙、
写真：埼玉県立歴史と民族の博物館

月一四日)、箱館、大坂を経て下田に来航、条約締結に向けた幕府との交渉に入った。途中、安政東海地震の影響による中断もあったが、一八五五年二月七日(安政元年一二月二一日)、日露和親条約が締結される。

そしてドミノ倒しのように、今度はプチャーチンの来航がイギリスに影響を与えることになる。長崎にクリミア戦争で敵となったロシア艦隊が入港しているとの情報により、イギリス海軍の東インド・中国艦隊が司令官ジェームズ・スターリングに率いられて一八五四年九月七日(嘉永七年七月一五日)、長崎に来航した。もとよりスターリングは条約締結の命令は受けていなかったのだが、戦争を有利に進める目論見もあって幕府と交渉に入り、一〇月一四日(八月二三日)、日英和親条約の締結に至った。

こうして日本は、近代的国際関係に包摂される第一歩を踏み出したのである。

4 咸臨丸

幕府軍艦、太平洋を横断す

1860（万延元）年1月19日（旧暦）浦賀を出航
625排水トン
全長　49.7メートル
全幅　8.5メートル
木造3本檣
出力100馬力（蒸気機関・石炭焚き）

一九六〇（昭和三五）年に発行された、日米修好通商条約百年を記念する切手に描かれているのは、逆巻く波に翻弄される一隻の帆船。アメリカに向かうべく太平洋を東へと進む咸臨丸の姿である。この咸臨丸による太平洋横断が、日本軍艦による初めての太平洋横断とされている。だがこのとき、日米修好通商条約の批准書交換のためワシントンに向かった万延元年遣米使節をアメリカへと送り届けたのは、アメリカ軍艦ポーハタン号であった。咸臨丸は、このポーハタン号を護衛するという名目で太平洋を横断したもので、同船の一行はワシントンには向かわず、サンフランシスコにおよそ二か月滞在したのちハワイ経由で帰国している。

一八五三（嘉永六）年にペリー来航によって海防力整備の必要を痛感した江戸幕府は、貿易を通して交流のあったオランダに軍艦建造と海軍教育を依頼する。それによって建造されたのが咸臨丸と朝陽丸という二隻のコルベットであった。コルベットというのは、沿岸警備などに使われる艦種で、大きさとしては小ぶりな方である。キンデルダイクのホップ・スミット造船所で建造された咸臨丸は、一八五七（安政四）年に進水し、ファン・カッテンディーケ（Willem Johan Cornelis Huyssen van Kattendijke、一八一六〜一八六六）ら日本に派遣される教官団の手によって長崎へと回航された。当時、日本ではオランダ商館の進言もあって一八五五（安政二）年に長崎海軍伝習所を設立し、このときに寄贈されたオランダ軍艦スームビング号（後、観光丸と改名）によってすでに教育が開始されていたが、咸臨丸と、続いて到着した朝陽丸が揃ったことで、海上戦力の整備が本格化したといってよいだろう。なお長崎海軍伝習所は、勝海舟のほか、榎本武揚、肥田浜五郎、浜口興右衛門といった幕末から明治にかけて活躍する人材を輩出した。また、カッテンディーケらとともに来日したポンペ（Johannes Lijdius Catharinus Pompe van Meerdervoort、一八二九〜一九〇八）によって開始された医学教育は、日本における近代西洋医学教育の先駆けとなった。なお長崎大学医学部は、ポンペが教授した医学伝習所をそのルーツとしている。

さて、使節派遣にあわせてアメリカに渡ることになった咸臨丸は、一八六〇（万延元）年一月一九日（旧暦）浦賀を出帆し、太平洋へと乗り出した。だがその翌日から、一週間以上にもわたって船はひどい暴風雨にさらされることになった。日本人乗組員はジョン万次郎を含む四人ほどを除いてすべてが船酔いに倒れ（艦長の勝海舟もまた出発前にひいた風邪をこじらせて病状を悪化させており、ほとんど寝たきりであった）、また技量不足で荒天下の操船も不可能というありさまだった。そのため往路は、技術指導のために乗り込んだジョン・ブルック大尉（John Mercer Brooke、一八二六〜一九〇六）が実質上の艦長として指揮を執り、大尉の率いる一〇人のアメリカ水兵を中心に船を動かすことになったのである。日本側の乗組員でブルック大尉らとともに仕事が出来たのは、アメリカで捕鯨船の副船長まで経験したジョン万次郎だけであったと言っても過言ではない。またブルック大尉の記した記録では、日本人士官に関して、身の回りを片付けず、なかなか当直に出てこないという不規律な面があったことも指摘されている。だがブルック大尉は日本人を見下すようなことはせず、日本人士官同士の反目や日本人船員から無用の反発を受けたジョン万次郎の立場を心配しながら、操船やシーマンシップを教えることに力を尽くしたのである。

咸臨丸は、二月二六日（旧暦）にサンフランシスコへと到着。二か月近く滞在したのち、三月一八日（旧暦）にサンフランシスコを出帆。ハワイを経由する南回り航路をとって五月五日に浦賀へと戻ってきた。往航の一か月以上もかかった航海で日本人乗組員は操船技術や当直の重要性を学んだためか、五

（上）ポーハタン号
（下）『咸臨丸難航図』鈴藤勇次郎原画、木村家蔵、上下ともに横浜開港資料館保管

人のアメリカ人を帯同したものの、復路は日本人乗組員を中心とする航海だったという。

咸臨丸はその後、小笠原諸島巡視にも使用されたが、酷使がたたった蒸気機関を降ろして純然たる帆船となった。一八六八（慶応四）年の戊辰戦争時には榎本艦隊の一隻として品川沖から脱走するも嵐に遭い下田に漂着。つづいて修理のために入った清水港で追及してきた新政府軍と戦闘になり、敗北して拿捕されてしまう。

その後、明治政府の下で開拓使の運送船となった咸臨丸だが、一八七一（明治四）年九月一九日（旧暦）、北海道に渡る移民を乗せて航行中に暴風雨に遭遇し、現在の北海道上磯郡木古内町のサラキ岬で沈没。その歴史的な船は永遠に失われてしまったのである。

5

汽船「コロラド」

北太平洋横断定期航路の幕開け

1867年1月24日（慶應2年12月19日）横浜到着
全長　103.6メートル
全幅　13.7メートル
3728総トン
石炭焚きレシプロ
外輪

北太平洋を横断する形で北米と極東を結ぶ定期航路が開設されたのは、一八六八（明治元）年のことである。ペリーの来航が一八五三（嘉永六）年、そして貿易や開港場について定めた日米修好通商条約の締結が一八五八（安政五）年であったことを考えるとやや遅くも感じられるが、欧米と極東を結ぶ海上ルートとしては、当初はインド洋回りがメインであった。ペリーの艦隊も、喜望峰を回りインド洋を抜けて日本にやって来ている。ちなみに英国のP＆Oが英国政府との郵便契約によってインド洋から香港まで航路を延ばしたのが一八四五年、そして日本には一八五九年に上海〜長崎間の航路を開設している。

太平洋に航路をとることは、まだ発達途上にあった汽船にとって厳しいものであった。石炭の搭載量が限られており、くわえて補給地にも恵まれていなかったから、横断の際には主として帆走によるほかなかったのである。そして何より、アメリカ西海岸では汽船そのものが珍しい存在だった。

民間の汽船が大西洋からホーン岬回りでサンフランシスコにたどり着いたのは、ゴールドラッシュが始まった翌年、一八四九年のことである。大西洋では汽船による定期航路が開かれている一方で、それとは隔絶した状況が太平洋にはあったのである。

そのような状況下、他でもない、東海岸からサンフランシスコに最初に汽船で到着した船会社であるＰＭ社（パシフィック・メール・スチームシップ、Pacific Mail Steamship Co.）が、他社と競合しつつ、まだ運河が開通していないパナマ地峡を陸路で経由するかたちをとって、アメリカ合衆国の東海岸と西海岸を結ぶ交通網を整備し拡充していった。

さてカリフォルニア州でゴールドラッシュが始まる少し前、極東では世界史的な動きが起きていた。清国がイギリスとのアヘン戦争に敗れた結果、一八四二年に南京条約が結ばれ、朝貢体制に基づく管理貿易から自由貿易体制への移行が始まったのである。続いて一八四四年にはほぼ同じ内容の条約がアメリカとの間にも結ばれ（望厦条約）米清間の貿易と人的交流が本格化し始めた。

清の敗戦という事実に驚いたのは日本である。長崎と琉球という二つのルートから入ってきた情報を受けて江戸幕府は、対外紛争回避のため一八四二（天保一三）年に外国船打払令を撤回し、薪水給与令を出すことになった。この政策転換が、やがて後の開国へとつながっていったのである。

一八六五年八月、アメリカ政府はＰＭ社との間に、次のような郵便輸送の契約を取り交わした。年間一二航海のサンフランシスコ～香港間航路を一八六七年一月一日までに開設すること。なおこの条件で政府より支給される補助金は五〇万ドル。

大圏航路をとっても香港は遥か彼方だが、その途中には開国して間もない日本がある。補給を横浜で受ければ難易度は下がる。日本の開国は、北太平洋横断航路の開設にとっても意義のあるものだったのである。

ＰＭ社では、一八六四年に建造されたパナマ航路の外輪船コロラド号を航路開設に充てることにした。一八六六年に始められた改装工事では補強やマストの増設、石炭庫および水タンクの容量増大などが図られた。それにより石炭は、二二日の航海を支える一〇〇〇トンもの搭載が可能となったという。

改装なったコロラド号の船出は、一八六七年一月一日である。一等船客の中にはニューヨーク商工会議所の会頭、そして最下級のスティアリッジには鉱山などで働き帰国する中国人労働者の姿もあった。

コロラド号が横浜に到着したのは一月二四日。一月一〇日（旧暦の慶応二年一二

外輪船コロラド号を描いた絵画

月五日）に徳川慶喜が第一五代征夷大将軍に就任した、その二週間後のことである。その翌日には横浜を発ち、香港には一月三〇日に入港。それまでインド洋経由で一か月半ほどを要したアメリカからの所要日数を二八日に短縮したことは、極東とアメリカ大陸をそれだけ時間的に接近させ、ひいては政治的にも経済的にもその関係はより深まることになっていったのである。

日本の動力革命は模型からはじまった

「実」を「験」した時代

蒸気機関の登場は、人類が、それまで用いられてきた畜力や人力、あるいは水力や風力よりも安定的かつ強力な動力を手にしたことを意味します。それは、いま述べたような既存の動力が有していた限界を大きく克服することであり、産業や交通の飛躍的な発展へとつながりました。このことを、動力革命と言います。

では、日本の動力革命はいつ頃始まったのでしょうか。

ペリー来航と前後して、日本では、外国書の翻訳やそれにもとづく模型の製作が始まっています。当時の日本にとって、蒸気機関のような新しい技術やその裏付けとなる自然科学はまったく外から入って来るものであり、その際に、日本へのいわば「移植」ともいうべき作業が、まず必要となったのです。これは、我が国において技術導入の必要が生じたときに、自然科学に関する知見が大きく不足していたために、ともに移植する作業が必要になった、ということにもなりましょう。またこのときの自然科学に対する関心は、探究それ自体にあったわけではない、とも言えそうです。

一八〇四（文化元）年、日本との通商を求めるロシアの使節としてニコライ・レザノフ（一七六四～一八〇七）が長崎に来航しました。このとき幕府は要求に応じるつもりはなく、やって来た彼らを約七か月にわたって足止めさせることになりますが、年が改まって間もなく、一行の一人が宿舎で、和紙を用いて自作した熱気球を飛ばしました。これは見ていた日本人も喜んだそうですが、町に落ちて役人から注意を受けています。このような出来事が一九世紀初頭には既にあったわけですが、そこから刺激を受けて日本人の誰かが熱気球を独自に探究したという事実は確認できません。見て喜んだ人はいたそうですから、まったく関心を惹かなかったとは思えないのですが、独自の探究には進まなかったわけです。

ところが支配層に何らかの動機があれば、技術や科学の移植に力がそそがれるのでした。江戸時代後期の蘭学者である箕作阮甫が『水蒸船説略』を訳出し、薩摩藩の島津斉彬に献じたのは一八四九（嘉永二）年のことです。薩摩藩ではこの本をもとにして、苦心惨憺の末、蒸気船の模型を作って動かすことに成功しました。このとき関係者は大いに喜び感動を覚えたそうですが、それは一つに、本に書かれている「真理」が目の前で再現されたこと。もう一つは、これで西洋に対抗する術が手に入ったと考えたことの喜びです。というのも当時、西洋文明の進歩や国際情勢が、日本にも断片的ながら情報としてもたらされていました。たとえばアヘン戦争に関する情報は、日本の支配層に大きな衝撃を与えていました。そこで西洋に対抗するためには、西洋と同じ技術が必要であると考えられるようになっていたのです。

一八五〇（嘉永三）年、大砲の鋳造を目的に佐賀藩で反射炉が建設されます。これも海外の書物を翻訳し、建設から操業まで、そのテキストを頼りとしておこなわれたものでした。国内に科学的基盤を欠いている以上、西欧文明が武器としているものを手にするには、やはり西欧で著された書物に頼って作るしかなかったのです。佐賀藩は、藩を挙げて（という言葉が大げさではないほど）西洋の技術を導入することに力をそそぎます。その背景には、同藩が長崎警備にあたっていたことや、フェートン号事件（一八〇八年）を経験していたことも無縁ではないような気がします。

一八五三（嘉永六）年、長崎にプチャーチンがやってきた際に、同行した佐賀藩士は船上でアルコールを燃料とする模型蒸気機関車の走行を見せられました。それが後に佐賀藩の模型蒸気車製作につながるのですが、苦心の結果として模型を作ることはできても、実物の鉄道を作る方向には、さすがの佐賀藩も進むことができませんでした。鉄道を必要とする社会的な条件は揃っていなかったでしょうし、仮に必要があったとしても、実用に耐えうるレールなどを同じ規格で大量に製造するなど、とてもできなかったろうと思います。それでも佐賀藩は、舶用蒸気機関の製造には成功し、幕府軍艦にも供給しています。

島津藩は、佐賀藩のようにはいきませんでした。模型蒸気船と蒸気動力の小型和船を造ることはできても、大型の蒸気軍艦を造ることはかなわなかったのです。

西洋の脅威という、一種の外圧が契機となり、海外からやってきた書物に書かれていることを再現してみせる手段として――言い換えれば、実証実験を目的として模型は作られました。しかし、模型をやっと手作りできるというだけでは、自分たちの力でその実物を手にすることは大変むずかしいことです。船も鉄道も（そして後には飛行機や自動車も）、総合産業の成果物です。経済力の有無という問題のみならず、鉄の板に正確な穴を開け、大量かつ正確にネジを切るといったきわめて重要な基礎的技術を、当時の我が国は大きく欠いていたのです。

しかしそれでも、模型製作を通じて本に書かれている内容を確かめることはできました。その過程や、その後の実物製作の段階で、おそらく限界をも悟ることができたであろうと思います。その後、我が国では実物を輸入することで動力革命が進行していくことになりますが、そのパイオニアとしての働きを模型は担った、ということは言えるのではないでしょうか。

蒸気船雛形（外輪船）
財団法人鍋島報效会徴古館所蔵

明治

6 人力車

「文明開化」を下から支えた貧困層

明治三年三月（一八七〇年四月）下旬のことである。和泉要助、鈴木徳次郎、高山幸助の三人は、考案した人力車の製造と営業について東京府に出願し、許可を得た。彼らは商業の中心地であった日本橋で営業を始め、家族や親類を客に仕立てて走り回るなど、人目を惹くために知恵を絞った。この新しい乗り物はまたたく間に増え、翌年末には東京府だけで一万台を超えるに至った。あおりを食らったのは江戸時代以来の駕籠かきである。駕籠では、速度も運賃も人力車には太刀打ちできなかった。ちなみに当時の東京府の人口は、約八六万人。まだ一〇〇万に満たない都市で一万台という事実は、歩くよりも早く目的地に着ける乗り物に、それだけ需要があったということを示していよう。

しかし、都市の旺盛な需要によって人力車夫という職業が形作られながら、彼らの多くは苦しい生活を送っていた。

人力車夫は、その就業形態によって「おかかえ」「やど」「ばん」「もうろう」という区別があった。おかかえは富裕な家や事業所の専属となるもので、車はもちろんのこと法被や提灯など必要な道具も主人持ち、住居は長屋の一つも与えられる、あるいは自宅から通いで仕事をすることもできた。やどは「宿」のことで、すなわち「車宿」を指す。これは人力車所有者のうち挽夫を雇って牽かせる営業形態のことであるが、そこに雇われる挽夫を「やど」と称したのである。「ばん」とは、東京の各地にあった人力車駐車場ごとに設けられた職業集団である。一升ばかりの酒と一〇銭前後の加入金で所属することができるが、その他に毎月一〇銭ほどの積立金を入れる必要があった。これは仲間が病気になった時などの相互扶助に用いられるもので、したがって一種の職能団体といえるだろう。

さて最後の「もうろう」だが、東京ではこの階層が最も多く、人力車夫の七割を占めていたという。もうろうは、一日何銭かの借り賃（歯代と呼ばれた）を払って貸車屋から車を借りて、それを牽く。借り賃は、一八九七（明治三〇）年頃で上等一〇銭、中等八銭、下等六銭という記録がある。そしてもうろうは、大概は下等を牽いて商売をする。なぜ下等かといえば、平均して日に五〇銭の稼ぎがあったと言われるが、そのうち八割方は生活費に消えてしまうから、切り詰める必要があったのである。そして下等はボロであるから、もうろうは、闇がそのボロさ加減を包み込んでくれる夜間に商売をする。

明治維新以降、社会の大きな変動により、没落した士族、あるいは経済的条件の変化等により、それまでの生業が立ち行かなくなった人々が大勢生み出された。そうした人々が貧民街に寄り集ま

明治初期の人力車、1872 年撮影、写真：毎日新聞社 / アフロ

り、日雇い人足や人力車夫として生計を立てるにいたったのである。そして貧民街に住む人力車夫と言えば、ばんもいないではなかったが、そのほとんどはもうろうであった。言い換えれば、人力車を牽くということは、社会的に救済するシステムもない中で、取りこぼされた人々が命をつなぐ手段でもあったのである。

さて人力車は、東京府内ばかりでなく、地方にも急速に浸透していった。まだ鉄道が開通していない地方への旅行にも利用され、宿場ごとに中継するように乗り継いで旅をすることも可能になった。ヨーロッパのようには馬車が普及しなかった日本において、人力車は発達途上の鉄道網を補完する役割をも果たしたのである。

だが、さしもの人力車も、新しい乗り物の登場によりその地位を脅かされ、衰退を迎えることになる。馬車鉄道、蒸気動力の巡航船、そして路面電車である。その度に車夫は、荒々しいまでの抵抗をおこなったが、大勢に抗し切ることはできなかった。

7

1号機関車

時期尚早論、資金調達への反対論を乗り越えて

1872年6月12日（明治5年5月7日）運用開始
全長　6668ミリメートル
火格子面積　0.81平方メートル
動輪直径　1.321ミリメートル
軸配置　1B

現在、埼玉県大宮市にある鉄道博物館で保存されている国鉄150形機関車は、当初は1号機関車と称した。新橋〜横浜間の鉄道開業に際して用意された一〇両の機関車はイギリスのメーカー五社に分散する形で発注されたが、その中で最初に到着したのが、この機関車で、まさに日本の鉄道創業を象徴する機関車なのである。製造した会社はバルカン・ファウンドリー社。開業の前年となる一八七一年初頭に完成し、二月には日本向けに船載されたという。

日本の鉄道建設をめぐっては、幕末から明治の初期にかけて、外国人による敷設計画がいくつか存在した。一例を挙げれば、一八六八（慶応三）年に、アメリカ公使館員ポートマンの江戸〜横浜間敷設計画に対して、幕府老中の小笠原長行が免許状を与えている。これはアメリカ側が経営権を握る内容のものであったが、他の計画もそのほとんどは、営業に関して外国人が主導しようとする形で政府や有力者に働きかけてきたものであった。

このような状況の中、明治政府は外国人が管轄する方式についてはすべて拒否した。だが鉄道そ

のものは、江戸時代以来の割拠状態を解消し、また経済活動の伸長に役立つものと考えられた。そこで英国公使パークスの助言もあり、鉄道は自国で管理するという方向性を定めたのである。かくして一八六九年一二月一二日（明治二年一一月一〇日）、東京～京都間、および支線として東京～横浜間、琵琶湖近辺～敦賀、京都～神戸間の鉄道を建設することが廟議で決定されたのである。建設資金については、廟議決定前には国内民間資本による考え方もあったが、それが上手くいかなかったこともあり、英国で発行する外債により調達されることになった。

だが、この廟議決定前から、鉄道建設は強い反対論にあっていた。兵部省や政府の監察機関である弾正台は、まず軍備の充実こそが急務であると主張し、民間でも、時期尚早論や、海外から資金を調達する方法論への反対論が出された。こうした反対論は、後の路線選定にまで影響したといわれる。すなわち、高輪付近の土地の提供や測量を兵部省が拒んだため、海中に築堤を築き、そこに線路を通すことになったのである。

一八七〇年四月（明治三年三月）、いよいよ鉄道事業が開始された。まず民部大蔵省に鉄道掛が置かれ（同省は四か月後に民部、大蔵の両省に分離し、鉄道掛は民部省に属する）、また、建築師長としてエドモンド・モレル（一八四〇～一八七一）が来日。新橋～横浜間の鉄道建設工事が開始された。モレルは、当時の日本の国情に合った提言をおこない、鉄製の英国製枕木に代えて国産材を枕木として使用するなど、工費の節減にも力があったといわれている。だがモレルは、鉄道の完成を見ることなくこの世を去った。肺結核が悪化し、三〇年の生涯を日本で閉じたのである。

一八七二年六月一二日（明治五年五月七日）、まず品川～横浜間が仮開業し、一日二往復の列車

１号機関車、写真：鉄道博物館

が走った。そして一〇月一四日（九月一二日）、明治天皇臨席のもとで開業式が執りおこなわれ、新橋〜横浜間の本開業を迎えたのである。

さて、営業に投じられた1号機関車について、その使用成績があまり良くなかったとする記録がある。しかし、一〇両のうちで最も悪かったとされる10号機関車（ヨークシャー製）ですら五〇年にわたって使用され、現在は東京都青梅市で保存されている。本機は一九一一（明治四四）年の島原鉄道開業に際して譲渡され、保存のため一九三〇（昭和五）年に返還されるまで同社で活躍した。つまり、鉄道開業からおよそ六〇年にわたって使用されてきたのは確かで、ここでその使用実績を割り引いて考える必要はないであろう。

なお、鉄道開業の際に輸入された機関車のうち、7号機関車（エーボンサイド製）が台湾総督府鉄道に譲渡され、現在は台北にある二二八和平公園で台湾最初のドイツ製機関車と共に保存展示されている。

8 通運丸

川蒸気が支えた関東の交通

1877(明治 10)年運航開始
木造外輪船
28 総トン
全長　58.2 尺
幅　8.5 尺
機関　単筒　7 馬力
(諸元は第 20 通運丸を示す)

まだ鉄道網が全国をあまねく覆うに至らなかった時代、機械化された河川交通が各地で発達を遂げた。本項では近代の河川交通を、利根川水系を例に採り上げてみたい。

江戸幕府による利根川東遷事業(利根川水系に関連する河川改修工事)によって整備された、江戸川を含む利根川の本支流を利用した舟運は、関東平野の物流にとってなくてはならないものとなった。陸上交通における宿駅と同じように、河川交通の拠点として河岸の重要性は高く、河岸は単なる船着き場としてのみならず、宿駅同様に問屋や運輸労働者の居住地域であり、また物資集散の中心地として地域経済の軸ともなった。

明治維新を経ると、その河川交通にも近代化の波が押し寄せてきた。一八七一(明治四)年、深川の万年橋から関宿を経て栗橋に向かう蒸気船「利根川丸」が、利根川丸会社の手によって就航した。それから暫く時を置いて、一八七七(明治一〇)年五月一日、内国通運会社の「通運丸」が、両国

〜妻沼間で旅客及び貨物の輸送を開始することになる。

内国通運会社は、元は江戸の定飛脚仲間によって作られた会社であり、陸運元会社という名で、各宿駅の陸運会社が有していた人馬や和船を利用して郵便物や一般貨物の水陸運輸を営んでいた。だが陸運会社の経営は苦しく、政府の方針によって一八七五（明治八）年に各地の陸運会社は解散し、陸運元会社を内国通運会社と改称して全国の陸運ならびに舟運を担うことになった。この内国通運会社が利根川水系の河川交通に投入した蒸気船が通運丸である。

通運丸は、その廃業までに約四〇隻が建造されており、順番に「第〇通運丸」と、号数が割り振られていた。ちなみに最初の第一通運丸は一八七七年二月に、石川島平野造船所で竣工した。

さて、蒸気船を利用した河川交通——いわゆる川蒸気の航路の起点を原発場（げんぱつば）といい、寄航先を汽船寄航場（きこうば）という。原発場は東京にあり、両国橋たもとの両国橋原発場は主として妻沼や古河など利根川上流方面、蛎殻町原発場は銚子方面を担当した。

また川蒸気は、内国通運会社のみならず、いくつかの有力な河岸で独自に運航する者が現れている。この頃、舶用の蒸気機関を供給する会社が現れ始めたのである。船体そのものは船大工のいる河岸も多かったから、機関部を外部に頼りつつ地元で建造された船もあった。

こうして、蒸気力による交通網の整備はまず川蒸気という河川交通によってなされたが、それは陸蒸気——鉄道よりも早かったのである。

そしてさらには、バイパス路の建設もおこなわれた。利根運河の掘削である。江戸川と利根川が分かれる関宿は交通上の難所であり、また、野田〜関宿間も中州が多く、航行上の妨げになっていた。こうした問題を解決するために考えられた利根運河の建設だが、財政上の理由から政府ではなく民間資本によって建設され、一八九〇（明治二三）年に完成を見ている。この運河の開通により、東京と銚子を結ぶ航行の所要日数ならびに費用が大きく軽減された。

だが、そんな川蒸気にも終焉の日が訪れる。利根川上流域では、一八八三（明治一六）年に日本鉄道の手によって上野〜熊谷間が開業しており、その三年後には上野〜宇都宮間（現・東北本線）の全通によって栗橋や古河には汽車で行けるようになった。一八九四（明治二七）年には総武鉄道（現・総武本線）が本所〜佐倉間を開業させ、また一八九六（明治二九）年には田端〜土浦間（現・常磐線）が開通し、汽船寄航場のあった地域

蒸気船通運丸を描いた錦絵、『東京両国通運会社川蒸気往復盛栄真景之図』、野沢定吉画、物流博物館所蔵

は次々に、東京と鉄道で結ばれることになった。そして一八九七年に総武鉄道の線路が銚子に達すると、速達性で鉄道に大きく劣る川蒸気は終焉への道をたどることになる。一九一九（大正八）年一二月、内国通運会社は利根川水系の川蒸気から撤退し、残っていた船は他社の手に渡った。川蒸気の衰退はそれまであった河岸の衰退をも意味し、交通網は鉄道を軸として再編されることになったのである。

9

砲艦「雲揚」

砲艦外交で始まった近代の日韓関係

1870（明治3）年購入
2檣ブリッグ
全長119フィート
幅24フィート
排水量　245トン
機関　蒸気動力
106馬力
1軸
船材　木

砲艦外交とは、軍艦による心理的威圧によって、自国の要求を相手国に呑ませるなど、強い外交的影響力を与えようとすることを言う。砲艦「雲揚」は、まさにこの砲艦外交によって日韓関係を切りひらくという、後に禍根を残す役割を果たしたのである。

雲揚は当初、長州藩が所有する船であった。一八六八年にイギリスで竣工した木製帆船を、長州藩が一八七〇（明治三）年に購入。一八七一年七月（明治四年五月）には明治政府に献納され、兵部省所管の軍艦となった。そして兵部省が廃止されて陸軍省と海軍省が設置されると、雲揚は他の艦船ともども海軍省の所管となった。

日本海軍の初期の艦艇は、明治政府自ら購入したものもあるが、このように各藩から折に触れて献納されたものも多い。ちなみに雲揚の献納からおよそ三か月後、長州藩は廃藩置県により山口県となっている。

さて、廃藩置県をはじめとする諸改革は、多数の士族を官職から追い出すことにもつながり、不満が鬱積。これが日本各地で士族反乱が発生することへとつながった。こうした状況の中で西郷隆盛や板垣退助らは征韓論をとなえ、士族の不満を外征にそらそうとしたが、大久保利通らに反対され、征韓派は下野する。そして一八七四（明治七）年、政府を去った一人である江藤新平を擁した反乱が佐賀県に起こった（佐賀の乱）。

雲揚は佐賀の乱に対処するため九州に回航されて大久保利通の指揮下に入り、江藤新平らの率いる反乱軍鎮圧に参加した。

佐賀の乱を鎮圧した後、日本は台湾出兵をおこなう。そのため雲揚は日進および孟春とともに再び九州に向かったが、雲揚だけは東京に戻ることになり、台湾までの航海はしていない。

一八七五（明治八）年五月二五日、雲揚は第二丁卯（一二五トン）とともに朝鮮の釜山に入港した。これは、鎖国状態にあった朝鮮と交渉に当たっていた森山茂が、行き詰まり打開のため本国に要請したものである。釜山に着いた雲揚は、東萊府（日本との外交交渉の朝鮮側窓口となった行政機関）の役人を前に発砲をおこない、威嚇をおこなった。その後、雲揚は朝鮮半島東海岸をさらに北上してから、長崎に帰港した。

そして九月、雲揚は再び朝鮮半島へと向かう。表向きの目的は、朝鮮半島から清国の牛荘までの航路研究であった。

九月二〇日。雲揚は朝鮮の首都漢城に近い漢江河口に到着し、下ろしたボートで遡上し草芝鎮へと近づいた。それに対して草芝鎮の砲台が発砲を開始。これを機として、雲揚も砲撃を開始する。

江華島事件の勃発である。

草芝鎮砲台との戦闘は撃ち合いで終わったが、雲揚はさらに附近の砲台を攻撃、上陸戦闘までおこなって建物を焼き払い、捕虜と鹵獲兵器を積み込んで長崎に帰還した。

なお、このときの雲揚の行動は、今日では偶発的事件ではなく意図的な挑発行動であるとするのが定説である。国交もない状態で首都近くの要塞に近づくという行動自体、挑発でなければ無謀と言うべきものであろう。

日本政府は、この事件を契機としてあらためて朝鮮との交渉を開始した。日本側の全権黒田

月岡芳年「雲揚艦兵士朝鮮江華戦之図」1853年、国立国会図書館デジタルコレクション

清隆は、小部隊とはいえ軍隊をも引き連れて高圧的な態度で交渉に臨み、一八七六（明治九）年二月二七日、日朝修好条規が調印された。なおこの条約は、朝鮮にとって初めての近代的な形式の条約であると同時に、不平等を押し付けられた条約でもあった。

なお雲揚は、この年の一〇月三一日、暴風雨によって紀州阿田和浦で座礁、沈没している。

10 気球

空への挑戦は気球で始まった

1977(明治10)年5月試験昇騰

一八七七(明治一〇)年のことである。工部大輔の山尾庸三および工部大学校校長の大鳥圭介は、工部大学校第一期生の志田林三郎(一八五六〜一八九二)ら六名に気球の製作を命じた。工部大学校とは、工部省により一八七一(明治四)年に設立された、現在の東京大学工学部の前身にあたる教育機関である。気球製作を命じられた六名の中には、後に消化薬のタカジアスターゼを生みだしたことで知られる高峰譲吉(一八五四〜一九二二)の名前もあった。

大鳥圭介はさらに、彼ら六名に加えて、海軍兵学校に勤務していた馬場新八(海軍機関士補、生没年不詳)を製作顧問として招き寄せた。というのも馬場には、模型の気球をあげた経験が既にあったからである。

前年四月。馬場新八は、築地にあった海軍兵学寮(兵学校となるのは同年八月になってから)でおこなわれた運動会で、無人のものながら紙で作られた直径六〇センチほどの繋留気球(ロープな

ど で地上につなぎ留められ、一定の範囲から動かないようにした気球）をあげていた。そのことを知った大鳥圭介が、兵学校校長の伊藤雋吉中佐に諮ったうえで、工部大学校に顧問として呼んだのである。

製作にあてられた予算は三〇〇円。やがて、美濃紙製で直径五尺（約一メートル半）という気球が完成した。無人の気球であるが、繋留索も用意され、勝手に飛んではいかないように考えられた。これを二週間で作り上げたとする記録もあるが、詳細は不明である。

五月三日、この気球は政府関係者の前で試験に供された。だが折からの北風に煽られ、危険となったのか、繋留索を切断、それから二〇分後には雲の中に姿を消してしまったという。

この工部大学校の気球と並行して、陸軍からの依頼を受けた海軍も気球の製作を始めていた。海軍省六等出仕の麻生武平（一八三五〜一九〇七）を製作主任とする七名の中には、工部大学校における気球製作の顧問となった馬場新八も加わっている。

一八七七（明治一〇）年四月一七日に製作を命じられた彼らは、まず直径五フィート（約一メートル半）、容積一一三立方フィートという小型気球を製造し、実験をおこなった。そのうえで有人気球の製造に着手。なお使われた材料は奉書紬が一二〇反、それにゴム引きをおこなった。国内にゴム産業はまだないから、輸入品が使われたはずである。

海軍の有人気球が昇騰をおこなったのは、工部大学校の気球に一八日後の五月二一日。この日、築地海軍省前の操練場には、朝から大勢の見物人が押しかけてきた。ガスの充填は、午前一〇時から始まった。蒸気ポンプまで動員しての作業だが、気球はなかなか膨らまない。結局この作業は五時間を要したという。
　午後三時過ぎ、吊籠には一番手として馬場新八が乗り込んだ。ちなみに海軍の気球も繋留気球で、気球の上下は地上から繋留索によっておこなわれた。翌日の『東京日日新聞』は、この時の様子を次のように伝えている。

　籠中の人は釣り合を見ながら赤旗を揮れば下からは線をゆるめて揚げかけ青旗を揮れば曳き卸ろす様子なり其うち百二十間に至りし人の話に温度は余程冷かにて目下は蒼茫として安房上総より秩父甲斐の諸山も尻の下にありしと思はれたりと

　一二〇間ほど（約二〇〇メートル）上がったところで、房総から秩父、果ては山梨県

歌川芳虎「風船昇遥図」1872 年、メトロポリタン美術館所蔵

にいたる山々が「尻の下にありし」とはあまりにも大げさな表現である。しかし、これを単純に笑うことはできない。現代の私たちが現実的な鳥瞰的光景を脳裏に描き出せるのは、多くの空撮映像を見慣れているか、あるいは実際に飛行機の窓から景色を見た経験があるからである。しかし当時の人々は、山に登るか家の屋根に上がることがせいぜいで、立体的な空間移動とはほとんど縁のない生活をおくっていたのである。いいかえれば、この海軍の気球こそが、日本人が初めて手にした高さ方向への移動手段だったのである。

その後、海軍では気球をもう一つ製作し、一一月七日午後に明治天皇の前で上げて見せることになった。このときの昇騰は無人でおこなわれたが、それが幸いする。一号球はガス漏れで地上に落下し、二号球は七〇メートルほどの高さで索が切れ、そのままどこかへと飛んでいってしまった。この二号球は夕方になって漁師により三番瀬で拾われたが、おりしも天然痘と、続いて夏から秋にかけてコレラが大流行した年でもあり、漁師たちはこの気球を疱瘡の神かコレラの神ではないかと考えて散々に突き破り、せっかくの気球はボロボロにされてしまった。それでもこの二号球は翌年の一月一〇日、付属品と共に発注者である陸軍に引き渡されたという。

11 東京馬車鉄道の誕生と電車化

都市交通の近代化

1882（明治15）年6月25日
開業

江戸時代はもちろんのこと、明治時代になっても、都市交通の手段は基本的に、自分の足が頼りだった。たしかに鉄道の開業は日帰り圏を大きく拡大したが、通勤や通学をはじめとする日常的な行動はほとんど徒歩圏に限られていた。もちろん人力車は早くに登場していたが、どちらかと言えばそれはミドルクラスより上の乗り物で、民衆が日常的に利用できるものではなかった。

公共交通機関としては、乗合馬車が人力車とほぼ同時に登場している。都市間交通としては、一八六九（明治二）年に写真家の下岡蓮杖らによる成駒屋が、東京と横浜を結ぶ路線を開業している（後、鉄道開業のあおりを受けて廃業）。東京の域内交通としても、道路改良や新規架橋と並行して、いくつもの乗合馬車が開業を見ている。

こうして一時は乗合馬車が隆盛を極めたが、一八八二（明治一五）年六月二五日に、東京馬車鉄道が新橋～日本橋間で開業したことにより、次第に衰退への道をたどることになる。馬車鉄道は、同年一〇月には日本橋〜上野〜浅草〜日本橋という環状線も開通、上野〜新橋間の目抜き通りを一定間隔で発車する馬車鉄道が行き交うことになった。その翌年には日本鉄道が上野〜熊谷間を開業させたことから、東京馬車鉄道は、上野駅と新橋駅という、二つのターミナル駅を結ぶ交通機関となった。途中には商業の中心地である日本橋もあったから、東京馬車鉄道は車両三〇〇両、馬二〇〇〇頭を擁するまでに成長した。

馬車鉄道は、いうまでもなく鉄のレールの上を鉄の車輪で走らせるという仕組みを持つ。これは、車輪がじかに道路上に接する車両よりも走行時の抵抗が小さい。したがって、普通に路面を走る馬車よりも効率よく人や物を輸送することができる。また、馬車は整備状況が決して良いとはいえない車両が多く、それに乗って未舗装の街路を行くよりも、鉄道馬車の方がはるかに快適であったろう。

だが東京馬車鉄道は、その営業区間は都心部の目抜き通りに限られており、繁華街を貫く「線」でしかなく、東京市という「面」をカバーするネットワークにはならなかった。大多数の人々は、依然として自分の二本の足が頼りだった。

馬車と鉄道馬車には共通する問題があった。それは動力源として動物を使用するところから来るもので、馬糞と酷使・虐待である。

車を牽きながら排泄される馬糞は未舗装の路上で乾燥し、土埃と共に舞い上がり、家の中にも否応なく入り込む。

馬の扱いは概してひどく、皮膚病に罹った馬を打った鞭を使いまわすから、健康な馬にも病気が伝染する。病気であろうと年老いていようと容赦なく鞭打つさまは社会問題化し、警察も取り締まりに乗り出すが、酷使や虐待はなかなか改善されず、外国人による抗議団体が結成されるほどであった。これらの問題は、動力源の変更によって解決されることになる。

一八九〇（明治二三）年、上野公園で開かれた第三回内国勧業博覧会で、東京電燈（現・東京電力）が、アメリカより輸入したスプレーグ式電車のデモンストレーションをおこない、好評を博した。これに刺激を受けたのが小田原馬車鉄道（現・箱根登山鉄道）で、同社は一九〇〇（明治三三）年に電化を成し遂げている。また同じ頃、京都では琵琶湖疎水を利用した水力発電所（蹴上発電所）の建設に伴い、同発電所の電力を利用する京都電気鉄道（後・京都市電）が一八九五（明治二八）年に京都駅〜伏見下油掛間を開業させている。

電車を走らせようという動きは東京でも起こり、その動きに乗り遅れまいと東京馬車鉄道は東京電車鉄道と名を改め、一九〇三（明治三六）年八月の品川〜新

「東京名所日本橋馬車鉄道図」郵政博物館所蔵

橋間電化を皮切りに翌年春までに全線の電化を終え、馬車による運行を廃止した。続いて東京市街鉄道が、翌一九〇四年には東京電気鉄道が開業したことで路面電車によるネットワークが形成され始め、東京市による買収によって一九一一(明治四四)年八月一日に東京市電(後の都電)が誕生したのである。そして、この電車網形成によって郊外と都心(当時の東京都市部は今日ほど広くはなかった)を結ぶ公共交通手段が誕生し、電車による通勤通学がおこなわれるようになったのである。

12

防護巡洋艦 松島、橋立、厳島

逆説的に海軍の将来を決定づけた失敗作

厳島：1891（明治24）年、松島：1892（明治25）年、橋立：1894（明治27）年就役
（諸元は松島を示す）
常備排水量　4278トン
垂線長間　89.8メートル
幅　15.4メートル
機関　3連成レシプロ蒸気機関2基　2軸
出力　5400馬力
速力　16.0ノット
主な兵装　32センチ38口径単装砲1基
12センチ40口径単装砲12基

清国の直隷総督にして北洋大臣の座にあった李鴻章は、さまざまな悪条件に阻まれながらも「洋務」と「海防」に心血を注ぎ、中国の近代化に持てる力を尽くしていた。その彼が作り上げたのが、北洋艦隊である。北洋艦隊は、一八八四年にドイツのフルカン造船所で建造された排水量七三〇〇トンの定遠、鎮遠という二隻の装甲艦を中心に、一〇隻ほどの英国やドイツ、そして自国で建造した巡洋艦を擁していた。とりわけ定遠と鎮遠の二隻はクルップ製の三〇・五センチ砲を載せており、東洋一の堅艦と目されていた。この二隻を擁する北洋艦隊は、侮りがたい戦力を持つものと思われていた。

日本海軍は、この北洋艦隊への対抗策として、松島型と呼ばれる三隻の巡洋艦を建造した。それ

が「松島」「橋立」「厳島」である。設計は、フランスより招聘したエミール・ベルタン（一八四〇〜一九二四）。彼は当時、海軍技術者として世界的に高名な人物であった。ちなみにベルタンは単に軍艦の設計のみならず、建造計画や工廠・造船所の建設にも関わっている。まだ雑多な船を寄せ集めたような状態にあった日本海軍にとっては、基礎固めから指導してくれた恩人であるともいえるだろう。

ベルタンが計画、設計した三隻は、その名前から「三景艦」ともいわれた。三景艦は特異な艦で、主砲は、その船体に不釣り合いなほどの大きさを持つフランス・カネー社製の三二センチ砲を一門しか載せていない。これは、この同型艦を同時に数隻集中運用することで、北洋艦隊の定遠、鎮遠に対抗しようとしたためである。そもそもベルタンは、戦艦を中心とする艦隊に多数の強力な小型艦で対抗しようとする思想（このような考え方を「ジューヌ・エコール」という）の持主であったが、現実の問題としても、日本はまだ、定遠のような七〇〇〇トン級の軍艦を建造・運用する設備に乏しかったという事情もあった。当時の日本にとって七〇〇〇トン級の主力艦は、自力での建造は困難であり、そもそも三景艦にしても、フランスに発注した「松島」と「厳島」の建造期間が三年半から四年であるのに対して、国内（横須賀造船部）で建造された「橋立」は、完成までに六年も要したほどである。

松島型が建造される頃、ヨーロッパでは速射砲の時代に入っていた。発射時の反動による砲身の後退を制御する仕組みが生み出されたことで射撃姿勢や照準の維持が容易になり、砲の操作も容易になったことから、それまで一分に一発を撃つのがやっとだったのが、一分に一〇発という射撃が

防護巡洋艦松島、写真提供：月刊『世界の艦船』

可能になったのである。この速射砲をリードしたのがイギリスのアームストロング社で、日本海軍は早速、松島型の副砲に同社製の一二センチ速射砲を採用した。

定遠、鎮遠に対抗すべく造られた三景艦は、日清戦争で戦われた黄海海戦（一八九四年九月一七日）で、実際に北洋艦隊と相まみえることになった。この海戦を結果だけ見れば、日本側が三隻の大破を出しつつも、清国側が沈没三、座礁二の計五隻喪失であり、また黄海の制海権をほぼ手中に収めることができたので、日本側の勝利と言ってよい。

だが、松島型の巨砲は、ほとんど海戦に益することはなかった。松島型の三隻はこのとき事実上の主力艦であり、将旗は松島に掲げられていたが、三二センチ砲の発射数は三艦合計で一三発。定遠も鎮遠も沈めることはできなかった。これは、日本側が後に確認した定遠、鎮遠の三〇・五センチ砲の発射弾数計一九七発に遠く及ばない。代わって活躍したのがアームストロング製の一二センチ速射砲である。その発射弾数は三景艦に限って見ても、松島四一〇発、橋立七三一発、厳島五一六発という状況であり、英国製兵器なかんずくアームストロング製速射砲の優位性は明らかであった。

その後、日本海軍はアームストロング製速射砲を全面的に採用し、日露戦争を戦うことになる。それはまた、アジアを消費地として兵器産業を活気づけることをも意味したのである。

13 自転車

日常的移動の機械化

一八九〇年代の中頃すなわち明治二八年頃、学習院中等科に進学した一人の少年がデイトンというアメリカ製の自転車を祖父から買い与えられた。少年はこの乗り物のとりことなり、学校通いは無論のこと、千葉や横浜への遠乗り、坂登り、曲乗り、果ては見知らぬ自転車ユーザーと競争になって、曲乗り用に改造した自転車では勝ち目がないからと相手の自転車を突き倒して逃げおおせる……。

少年の名は、志賀直哉(一八八三〜一九七一)。ここにあげたエピソードは、後年になって書かれた『自転車』という作品から抜き出したものである。ここで注意しなければならないのは、直哉少年は裕福な家庭の子であったという事実である。この時代、自転車はまだまだ高価であり、この乗り物を縦横に乗り回す少年の姿は、オーソドックスな少年像とは言い難いものであった。

さて、日本で一般に供された自転車で最初のものは、ミショー型と呼ばれる、前輪についたペダルをこぐものである。日本では、一八七〇年代半ば、つまり明治一〇年前後に流行った貸し自転車屋で用いられた。この頃の自転車はまだ実用性が低く、物珍しさや遊びで乗るものであったと言ってよい。

大きな前輪に小さな後輪が付いたタイプをペニー・ファージングという。そのかたちから、日本ではだるま車とも呼ばれたものである。ミショーと同じようにやはり前輪に直結したペダルをこぐものだが、車輪が大きい分、楽に速く走ることができた。ただし乗りこなすためには相当な練習が必要である。これは田中館愛橘ら帝国大学の教官が金を出し合って買い求め、運動として大学構内で乗っていたことが知られている。

現在われわれが一般に目にする自転車はセーフティー、または安全型、もしくは安全車という。これはバランスを崩した時にすぐ足を地につけることができることからそう呼ばれた。チェーンを用いて後輪を駆動するため、ペダル直結式に比べて楽な姿勢で運転することができた。一八八五年にイギリスで開発された安全車はペニー・ファージングのような危険性もなく、実用的な乗り物として世界に広まった。直哉少年が夢中になった自転車も、この安全車である。

さて少年時代の志賀直哉が自転車を乗り回し始めた頃、東京市内の交通機関といえば人力車と馬車鉄道、そして乗合馬車という時代である。路面電車はまだ開業しておらず、東京市内を網の目のようにカバーする交通機関はまだない。したがってお抱えの人力車を持つ高級官僚を別にすれば、移動するためには歩くより他になかった。そこに登場したのが、実用性を兼ね備えた安全型の自転車である。価格は二〇〇円前後という、官吏でも数か月分の俸給に相当するまだ高価な乗り物であったが、その官吏の中から通勤に使う者が現れてきた。また富裕層の子弟の中から、通学に使用する者も登場する。後に国際的オペラ歌手三浦環となる少女、柴田環（一八八四～一九四六）が上野の東京音楽学校に自転車で通い出し評判となったのが一九〇〇（明治三三）年のことであった。

その後、医師や役人の業務にも自転車は活用されるようになり、また並行して国産車も作られるようになった。一八九〇（明治二三）年には猟銃メーカーの宮田製銃所が国産自転車の製造を開始している。一九一一（明治四四）年には速達郵便の配達に用いられるようになり、また商家などで事業用として使われるようにもなった。

利便性が需要を後押しすると同時に国産品の供給も始まり、また製作が難しく輸入に頼ることの多かった部品も、その品質は

明治時代に輸入されたセーフティ型自転車、イギリス製、1889（明治22）年生産、自転車博物館サイクルセンター所蔵

ともかく次第に国産品へと置き換えられていくにつれ、価格も低下していった。こうして自転車は次第に民衆の手にも届く乗り物となり、昭和期には小商店や職人など零細事業者も活用するようになって、人々の行動範囲を大きく拡大することにつながったのである。

人車鉄道

機関車を持たない鉄道の登場

蒸気機関の登場は、人類が、それまで用いられてきた畜力や人力、あるいは水力や風力よりも安定的かつ強力な動力を手にしたことを意味します。そしてそれは、いま述べたような既存の動力が有していた限界を大きく克服することでもあり、産業や交通の飛躍的な発展につながりました。このことを、動力革命と言います。

さて、西ヨーロッパよりも遅れて近代化が始まった日本は、蒸気動力の導入からほどなくして、明治の末期すなわち二〇世紀の初頭には電動機が普及し始めます。電気動力の導入を第二の動力革命とすれば、日本では、最初の動力革命と第二の動力革命がかなり短い間に起きたと言うことができるでしょう。

ところが、全国的な規模でこのような動力革命が進行する一方で、それに逆行するような乗り物が一九世紀の末期に登場しました。

人車鉄道、もしくは人車軌道と呼ばれるものです。

これは、レール上の車両を人が押すもので、会社によって多少差はありますが、使われる車両はいたって小さくかつ軽いので、かなり細いレールでも使用に耐えます。鉄のレールに鉄の車輪を転がす際の抵抗は、土の路面に車輪を転がすよりもはるかに小さいですから、六人から八人が乗った車を、一人か二人で押し進めることができます。また蒸気動力による鉄道と比べて建設費をかなり低廉に抑えることができますから、経済力の弱い地域でも鉄道（軌道）を持つことが可能です。なにしろ手入れが行き届かない道路が多く、荷車や馬車の使用が大変なところも珍しくありませんでしたから、動力がたとえ人力であったとしても、いま述べた利点から、交通事情を改善させる手段として人車鉄道はかなり魅力的であったろうと思われます。また実際に建設し運行を開始してみると、衛生教育を受けた人間は、牛や馬と違ってところかまわず便を落とすということがありませんから、乾いた糞交じりの粉塵が巻き上げられて沿道に迷惑をかけるということも起きません。

　現在確認できる最初の人車鉄道は、一八八二（明治一五）年に仙台～蒲生間を開業した木道社といわれています。ここは貨物専用の軌道でしたが、開業当初こそ人車を使用したものの、後に馬車軌道に変わっています。

　人車鉄道のなかでいまもっとも有名なのは、一八九五（明治二八）年に熱海～吉浜間を開業した豆相人車鉄道でしょう。静岡県の熱海は寒暖の差が穏やかな温泉場として知られていましたが、交通の便が悪いところでもありました。東海道線の線路が国府津まで延びたのが一八八七（明治二〇）年、その二年後には浜松まで開通していますが、当時の東海道線は現在の御殿場線を通っていたので、したがって小田原や熱海が鉄道から取り残されてしまったのです。

　小田原では、有力者たちの手により、馬車鉄道によって東海道線に繋ごうという動きが生まれ、一八八八（明治二〇）年に国府津～小田原～湯本間を結ぶ小田原馬車鉄道（後に電化される）が開業しました。それとちょうど同じ頃、熱海でも旅館主を中心に鉄道によって国府津に連絡する動きが始まりましたが、資金調達に苦しんだ結果、こちらは人車鉄道になりました。

　そして一八九六（明治二九）年春、豆相《ずそう》人車鉄道は、熱海～小田原間の全線を開通させます。それによって国府津～小田原間は馬車鉄道で三〇分、小田原～熱海間は人車鉄道により三時間で結ばれることになりました。

　さて、全線開業を見た人車鉄道ですが、ふたを開けてみると赤字こそ出さなかったものの、収益があまり伸びません。というのも、六人から八人が乗った人車一両を動かすのに必要な車丁は二人。多客時になれば多くの人車を動かすことになりますが、人の力が頼りですから連結運転などもってのほか。車両が増えればそれだけ車丁も増えますから、客が増えれば増えるほど人件費もそれにつれてかかるため、あまり儲からなかったのです。動力を用いないことは、やはり経営の上で相応のハンディキャップとなるのでした。

　豆相人車鉄道は熱海鉄道とその名を変え、一九〇八（明治四一）年には軌道の改修工事を経て蒸気機関車牽引の鉄道にその姿を改めました。しかし乗客は煤煙に悩まされるようになったことから、かえって人車の時代が懐かしがられるほど。くわえて後に東海道線となる「熱海線」の建設が始まり、国府津側から部分開業がおこなわれるたびに、この鉄道は路線の縮小を余儀なくされていきます。

　運命の日は一九二三（大正一二）年九月一日にやってきました。関東大震災により全区間が大きな被害を受けて不通になってしまい、そのまま廃業の憂き目を見ることになったのです。国鉄によって東京と熱海が結ばれるのは、その翌年三月二五日のことでした。そして間もなく時代は、内燃機関を動力源とする自動車が走る時代へと移っていきます。

松山人車の車両、鉄道博物館所蔵

14

陸軍、気球を研究する

旅順攻撃に用いられるまで

1904（明治37）年　旅順攻撃で使用される

日本最初の有人気球昇騰は、陸軍に製作を依頼された海軍によって一八七七（明治一〇）年五月におこなわれたが、それより少し遅れて、九月には陸軍自身も気球を完成させた。気嚢の材料には繭紬《けんちゅう》（布団地などに使われる比較的薄手の織物。「絹紬」とも書く）を使い、それにコンニャクデンプンを塗った上にグリセリンで仕上げをした。なお吊籠には、望遠鏡と写真機、そして不完全ながら電話機も装備されたといわれる。この気球は一八七八（明治一一）年六月一一日、市ヶ谷の陸軍士官学校開校式に際して飛揚させたと伝えられているが、その時の搭乗者は石本新六少尉（一八五四～一九一二）。石本は、一九一一（明治四四）年に発足した第二次西園寺内閣で陸軍大臣となる人物である。

ところで海軍気球の奉書紬へのゴム塗り仕上げや、また陸軍気球の繭紬コンニャクデンプン仕上げという事実は、当時の日本は今日考えられる工業ベースで生産されるゴム引き布のような材料とは無縁だったということでもある。これは無理もない。当時、ゴムといえば天然ゴムで、しかも供給地はブラジルのアマゾン流域に限られていた。それをイギリスが種子を持ち出して困難の末に発芽と生育に成功し、得られた苗木をセイロン（現スリランカ）に移植したのがまさにこの頃のことだったのである。言い換えればこの時期は、東南アジアにおけるゴム栽培の道筋がついた時期でもあった。

一方、近代的産業としてのゴム工業は、一九世紀半ばにおける加硫法の発見によって道が開かれており、ヨーロッパではレインコートなどの製造も始まっていた。しかし日本で加硫ゴムの製造が始められたのは一八八六（明治一九）年のことである。だから一八七〇年代の日本で既成のゴム引き布を大量に求めようとしても、そもそもが無理に近い話だったのである。

時代が下って一八九一（明治二四）年、陸軍はフランスのヨーン会社から気球、繋留車およびガス発生装置を買い入れ、工兵会議で研究を開始した。工兵会議とは一八八三（明治一六）年に発足した陸軍の技術研究部門で、一九〇三（明治三六）年設立の陸軍技術審査部に取って代わられるまで、機械工業の未発達な日本で技術分野の牽引役を担った部署である。

この工兵会議が研究したフランス製の気球及び装備一式だが、ゴム布に大修繕を加えたとか、あるいは気嚢の塗料溶融があったようで、思わしい成績を残してはいない。これは製品そのものが悪いというよりも、輸入途中もしくは艀着した後の暑熱にやられたか、もしくは保存が悪かったせいではないだろうか。

日本陸軍による気球の研究が軌道に乗るのは、山田猪三郎（一八六四〜一九一三）という人物の登場まで待たねばならない。山田は和歌山の人で、大阪でゴム製品の作り方を学んだ後に東京へ出てきて、防水布製救命具や軍用舟艇の製作からはじまって気球の開発へと歩みを進めた。もちろん、いきなり気球の製造などできるはずもなく、紙製の模型気球による実験からスタートさせた。そして一九〇〇（明治三三）年には繋留気球を作り上げて特許を取ったが、そこには工兵会議の児玉徳太郎大佐（一八五六年生まれ。後、少将。日露戦争では第一軍工兵部長となるが、一九〇五年に出

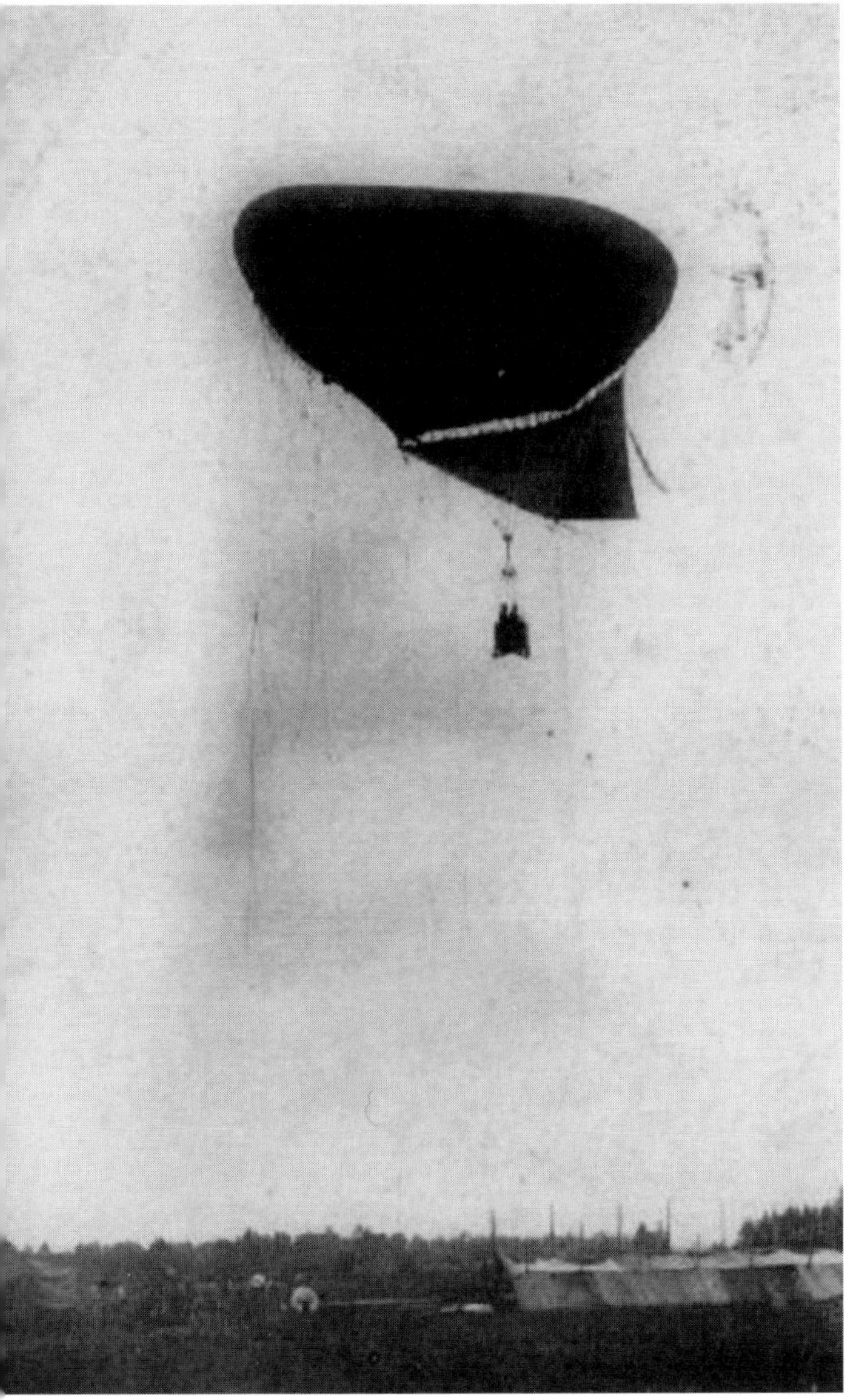

山田式気球

征先の遼陽で死去）などの指導があったといわれる。

日本における理工系高等専門教育がまだ確立される途上にあった頃、陸軍の工兵は技術者集団としても貴重な存在だったのである。

一九〇四（明治三七）年七月一三日、東京の中野にあった陸軍電信教導大隊において臨時気球隊が編成された。これは、この年の二月八日に始まった日露戦争に気球を利用しようと考えられたことによる。飛行機が戦争に登場した第一次世界大戦よりも一〇年前のことである。

山田式の繋留気球は、旅順攻撃に用いられた。最大で七〇〇メートルまで上昇させ、旅順港に停泊するロシア軍艦の種類や数、およびその停泊位置ならびに破損状況、そして旅順市街の様子やドックの状況。またロシア軍が旅順を守るために築いた保塁や砲台、塹壕などの状況を偵察した。時に砲撃されることもあったが、墜とされずに済んでいる。だが野戦での酷使がたたり、補充もままならないことから一一月には内地に帰還した。

なおロシア軍もまた気球を用いていたことが、当時の記録に残されている。

15

博愛丸
日本赤十字社が保有した病院船

1900（明治33）年　病院船として出動
2629総トン
垂線間長　94.79メートル
全幅　11.88メートル
三連成レシプロ機関１基
出力　最大3000馬力
最大速度　15.42ノット

一八七七（明治一〇）年、西南戦争の最中に、敵味方の区別なく負傷兵を救護する「博愛社」が佐野常民らの手により熊本洋学校で設立された。佐野常民は幕末に西洋医学や海軍について学んだ人物であるが、その一方で一八六七（慶応三）年のパリ万国博覧会にも佐賀藩から派遣されており、そこで赤十字を知っていたのである。だが当時の日本では、傷ついた将兵を敵味方の区別なく救護するという理念に対する理解が足りなかったため、政府軍と西郷軍の双方から攻撃されることもあったという。

一八八六（明治一九）年、日本はジュネーブ条約に加入し、博愛社は日本赤十字社とその名を改めた。このジュネーブ条約とは、戦時における傷病者や捕虜の待遇を人道的見地から改善しようとするための諸条約をいう。その最初のものは、赤十字国際委員会の提唱により一八六四年に締結された「傷病者の状態改善に関する第一回赤十字条約」である。

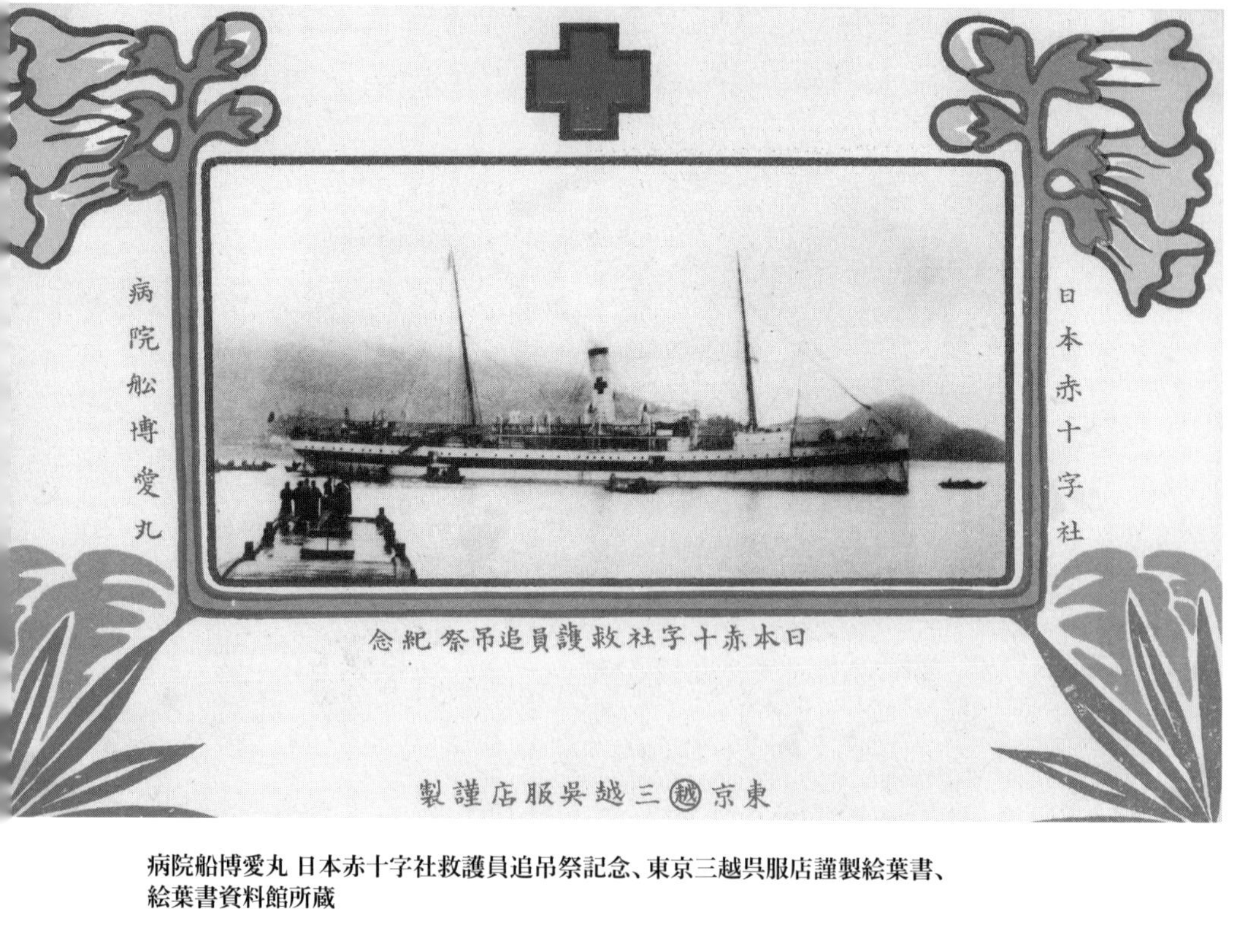

病院船博愛丸 日本赤十字社救護員追吊祭記念、東京三越呉服店謹製絵葉書、
絵葉書資料館所蔵

さて、一八九四（明治二七）年に開始された日清戦争では、田子浦丸（日本郵船、七四六トン）などの貨物船が陸軍に病院船として徴傭、使用された。この時の経験から戦時における病院船の必要性が認識され、博愛丸と同型の弘済丸が建造されることになった。ただし病院船を普段から日本赤十字社が使わないまま保有し続けることは不経済なことから、日本郵船が所有し同社の貨客船として使用され、戦時には軍の管理下で日本赤十字社の病院船として運航するという形態がとられたのである。

博愛丸は一八九八（明治三一）年、スコットランドのレンフルーにあるロブニッツ造船所で進水、竣工した（弘済丸の竣工は一八九九年）。博愛丸は先述したように日本郵船の貨客船として上海航路に就航したが、一九〇〇（明治三三）年の義和団の乱で病院船として出動。以後、日露戦争と第一次世界大戦という二つの戦争に日本赤十字社の病院船として出動した。そしてともに日本軍の傷病兵だけではなく、日露戦争では捕虜となったロシア軍の、そして第一次世界大戦では青島攻略戦でやはり捕虜となったドイツ軍の傷病兵を治療看護しながら日本本土へと輸送している。日露戦争および第一次世界大戦における日本の捕虜への待遇は人道的であったことが伝えられているが、博愛丸など病院船内における食事等の待遇も、その水準に関して階級に応じて日本軍将兵と同等に扱うことが定められており、日本赤十字社の手により実施されたのである。

だが、今なお一般的に人道的であったと伝えられる捕虜の待遇について、不満を持つ人々がこのとき既に現れていた。

第一次世界大戦における博愛丸（および弘済丸）の行動は、開戦初頭におこなわれた、中国・山東省にあったドイツの租借地である青島攻略に関係するものである。一九一四（大正三）年八月一八日に陸軍大臣より病院船艤装命令を受けた二隻は宇品の陸軍運輸部に属し、その年の一二月までに戦場から日本本土に傷病兵を輸送する数回の航海を実施した。だが、博愛丸が一二人の捕虜を輸送した際に牛乳や洋食を供したことについて、あたかも日本軍傷病兵より捕虜を優遇しているかのように報じた新聞があった。無論これは外国人捕虜の食生活や習慣を考慮したに過ぎず、メニューを見ても後の捕虜収容所における食事と大して違いがあるわけではない。だが当時の日本では洋食といえば高級感がまつわっていたこともあってか、その新聞記事をもとに日本赤十字社の地方組織のメンバーから本社に抗議がおこなわれるという一幕もあった。

一九二六（大正一五）年、博愛丸は水産会社に譲渡され、蟹工船となった。蟹工船とは、長期にわたって漁場に滞在し、他の漁船や搭載している小舟を使って蟹漁をおこなうとともに、水揚げした蟹を船上で缶詰に加工する船のことである。こうして生産された蟹缶詰は欧米に輸出され、日本にとって貴重な外貨獲得源となっていたのである。当時オホーツク海は、ロシア革命の混乱によるロシア（ソ連）側漁業者の後退に乗じて日本資本が進出して以来、格好の漁場となっていた。

さて博愛丸が蟹工船となった一九二六年九月六日、カムチャッカ半島沿岸での四か月以上に及ぶ漁を終えた同船が函館港に入るや、乗り組んでいた労働者の十数名が函館水上警察署に出頭し、船上で監督者によっておこなわれた暴行や虐待を告発するという事態が起こる（博愛丸事件）。その余りの凄惨さに北海道の各新聞は相次いで報道。時を同じくして他の工船でも虐待等のおこなわれていたことが発覚し、漁業者の無権利状態を批判する声が高まった。この事件に取材して書かれた作品が、小林多喜二の『蟹工船』(一九二九年)である。

博愛丸と弘済丸を手放した後、日本赤十字社が病院船を運用することはなくなった。一九三七(昭和一二)年に勃発した日中戦争以降、陸軍および海軍がそれぞれに貨客船を徴傭し、病院船に仕立て上げられることになった。しかしその命運は過酷なものであった。太平洋戦争では、病院船であってもアメリカ軍による攻撃を受ける事態が発生し、また日本側も軍事輸送に病院船を悪用するという、彼我ともに国際法違反が相次いだのである。

ふたたび病院船となることがなかった博愛丸は、オホーツク海域で撃沈された。輸送船として行動中の一九四五(昭和二〇)年六月一八日、アメリカ潜水艦の魚雷攻撃によってその姿を海中に没したのである。

16 トレド蒸気自動車

日本最初のバス事業

1903（明治36）年9月
バス事業営業開始

一八九八（明治三一）年二月六日、東京の築地〜上野間を一台の自動車が走った。このとき、テブネという名のフランス人技師が運転したパナール・ルヴァッソールこそが、おそらく日本を走った最初の自動車ではないかと考えられている。ちなみにドイツのゴットリープ・ダイムラーとヴィルヘルム・マイバッハが最初のガソリンを燃料とする内燃機関で動く自動車を作ったのは一八八六年のことであり、それから一二年後の来日を早いと見るか遅いと考えるかは難しいところだが、欧米でも自動車と言えばまだ蒸気自動車が主流で、次いで電気自動車がガソリン車よりも普及していた時代であることを考えれば、自動車がやってきたという点では決して早いとは言えないものの、ガソリン自動車としては比較的早い時期の来日であるということはできるだろう。なおも申せば、アメリカでフォード社が創業したのは一九〇三年のことである。そのことはまた、マスプロダクションによって自動車が大衆化するよりも早い時期にやってきた、ということでもある。以後、少しずつではあるが、自動車の輸入販売を試みる者が我が国にも現れるようになった。しかしそれは、皇族や政財界人など限られた人物が趣味で乗るという域を出るものではなかった。

さて、日本にとって一八九〇年代といえば、近代的綿糸紡績業の導入による産業革命が進行した時期にあたる。この綿糸紡績業が日露戦争後に成立する日本資本主義社会の礎となったのだが、その反面で、早急な確立が困難な重工業については昭和期に至るまで欧米の先進諸国に依存することになったのである。このことが、日本の自動車発達史にも長きにわたって影を落とすことになる。

一九〇三（明治三六）年に大阪で開催された第五回内国勧業博覧会は、内国勧業博覧会としては最後のもので、かつ最大の規模でおこなわれた。この内国勧業博覧会という催しは殖産興業を目的としたもので、その第一回は一八七七（明治一〇）年、西南戦争の年に開かれた。出展は目的に適うよう国内産のものに限られていたが、一八九〇（明治二三）年に東京の上野公園で開かれた第三回内国勧業博覧会では会場内を東京電燈株式会社がアメリカから輸入したスプレーグ式電車が走り、小田原馬車鉄道（現・箱根登山鉄道）が電化を決意する契機となっている。そして第五回内国勧業博覧会では先進工業国である欧米の機械製品も数多く展示され、そのデモンストレーションは、数百万人ともいわれる観衆に機械文明の枠を見せつけたのであった。それらの展示物の中には自動車も含まれており、会場内は言うに及ばず、蒸気自動車と電気自動車がそれぞれ一台ずつ梅田と天王寺の間をバスとして行き来したのである。このことが乗合自動車起業ブームを呼び起こし、日本各地で事業化計画や出願がなされたのである。その中で初営業の栄誉に輝いたのは、京都の二井《じせい》商会であった。

西陣の織物商が友人を誘って起こした二井商会は、八月の下旬に事業化を思い立ってから府庁への出願や運転手の手配などの準備をひと月足らずでこなし、九月下旬には営業開始へと漕ぎつけたという。その早さは、京都府が自動車に関する取締規則を制定しないうちに営業を開始したほどで、すったもんだの末に、試運転という名目で黙認される形となった。

だが、当初の評判は長続きしなかった。事故続出、故障した際の部品の入手難など問題が多く、また吹きさらしのままとあっては、冬ともなれば客が敬遠するのも道理であろう。結局この京都で起業したバス会社は、半年足らずで廃業の憂き目を見るに至ったのである。

今日残されている二井商会の自動車の写真を見ても、右後輪のタイヤ部分が乱雑に何かを巻き付けられていた状態であることがわかる。これは言うまでもなく、タイヤの入手難を示して

いる。日本で近代的ゴム工業の先駆けとなったのは、一八八六（明治一九）年の土谷護謨製作所であるとされる。そして人力車タイヤや流行の自転車用タイヤの国産が始まるのは一九〇八（明治四一）年のことである。自動車用タイヤの国産はさらに遅く、一九〇九（明治四二）年に英国資本によって設立された「ダンロップ護謨（極東）日本支店」が一九一三（大正二）年に生産を開始するまで待たねばならない。つまり一九〇三年のバス事業は、タイヤの入手すらおぼつかない状況で始められたのである。

さて、二井商会が使用した自動車は、オハイオ州トレドにあったアメリカン・バイシクル・カンパニーが開発した蒸気自動車「トレド（Toledo）」である。同社は、「トレド」の販売が開始された一九〇二年にはインターナショナル・モーターカー・カンパニーと名を改めたが、一九〇三年にポープ・モーターカー・カンパニーに買収されてしまう。「トレド」の名前だけはポープが製造販売するガソリン内燃自動車のブランド名として残されたが、蒸気自動車の「トレド」はほどなくして製造をとりやめてしまったものと思われる。

（右）トレド蒸気自動車、写真：日本自動車工業会

17

信濃丸

二つの戦争を生き抜いた船

1905（明治 38）年日本海海戦に出撃
垂線間長　135.6 メートル
幅　15 メートル
総トン数　6388 トン
3 連成レシプロ 2 基 2 軸
出力 4000 馬力
最大速力 15.4 ノット

一九〇〇（明治三三）年、イギリスのグラスゴーにあるデビッド・アンド・ウィリアム・ヘンダーソン社で、信濃丸は竣工した。日本郵船が本格的に遠洋定期航路を開設して、まだ七年目のことである。

日本郵船は、一八九三（明治二六）年に開設したボンベイ航路を皮切りとして遠洋定期航路に乗り出したが、ヨーロッパや北米に至る航路を開くのは、日清戦争が終わった後、一八九六（明治二九）年になってからのことである。この年、海外航路に対して政府が運行補助金を支給する航海奨励法と、日本の船主が船を新造する時に建造費の一部を政府が補助する造船奨励法が制定され、日本船主の海外進出を後押しすることになった。

この年、日本郵船はまず三月に欧州航路を開設（第一船・土佐丸、五四〇二総トン）、八月にはシアトル航路を（第一船・三池丸、三三〇八総トン）、続いて一〇月には豪州航路（第一船・山城丸、二五二八総トン）を開設した。

そのうちシアトル航路は、グレート・ノーザン鉄道との縁が深い航路であった。一八九三年、アメリカで五番目となる大陸横断鉄道がシアトルに達する。同鉄道の社長ジェームス・ヒル（一八三八～一九一六）はアジアとの船車連絡を図り、日本の船主との交渉に乗り出した。この時グレート・ノーザンの提案を受け入れて、大圏コースによる太平洋横断航路を開設したのが日本郵船だったのである。

さて、シアトル航路を開設したまではいいが、四〇〇〇トンに満たない船によるサービスは、他社と比べていささか見劣りするものであった。というのも、アメリカやカナダの船主は、四〇〇〇トンから五〇〇〇トン級の船を北太平洋に就航させていたのである。そのためグレート・ノーザン鉄道は、日本郵船に対して大型船の投入を要請してきた。そこで欧州航路と同様に六〇〇〇トン級を就航させることになり、一九〇一年に加賀丸（六三〇一総トン）と伊豫丸（六三二〇総トン）、そして欧州航路用に建造されて間もない信濃丸がシアトル航路に投入されたのである。

シアトル航路に充当された信濃丸は、一九〇三（明治三六）年九月二二日に、横浜港でアメリカに渡ろうとする永井荷風を乗せている。以来、荷風はアメリカに四年、ついでフランスに一〇か月ほど滞在したが、その成果が帰国後に著された『あめりか物語』『ふらんす物語』である。

さてシアトル航路には、一九〇三年に安藝丸（六四四四総トン）が投入された。したがって信濃丸は活躍の場を本来の欧州航路に移すことになるはずだが、一九〇四（明治三七）年に日露戦争が勃発したことから、軍に徴用されてしまう。信濃丸は海軍の手で武装を施され、仮装巡洋艦として

信濃丸、写真：日本郵船歴史博物館

対馬海峡で哨戒任務にあたった。一九〇五（明治三八）年五月二七日の日本海海戦が、信濃丸によるロシア艦隊発見を知らせる無電から始まったエピソードは有名である。

日露戦争が終わると、信濃丸は欧州航路に戻ったが、新造船の就航に伴って活躍の場を近海航路に移し、そして昭和期に入ると、水産会社に売却されて缶詰工船となり、北洋漁業に従事した。

ところが太平洋戦争の勃発により、信濃丸は再び戦争との強い関わりを持つことになる。日露戦争では仮装巡洋艦だったが、今度は輸送船として、物資や兵員の輸送に従事した。パラオからラバウルまで信濃丸で運ばれた兵員の中には、戦後に漫画家となる水木しげるの姿もあった。

船齢の若い優秀な船舶がほとんど失われる中を生きのびた信濃丸は、戦争が終わると今度は復員業務に従事した。米軍の捕虜となり、帰国後に小説家として知られることになる大岡昇平も、フィリピンから復員する際に乗った船が信濃丸であったことを書いている。

貨客船でありながら戦争にまつわるエピソードが目立つ信濃丸は、戦争で失われることなく船としての生涯を全うし、建造から半世紀を経てスクラップとなった。

18

巡洋艦　出雲

日本海軍の象徴的存在

1903（明治36）年第二艦隊旗艦に就役
常備排水量　9773トン
垂線長間　121.9メートル
幅　20.9メートル
機関　直立式4気筒3連成レシプロ蒸気機関2基　2軸
出力　1万4500馬力
兵装　20センチ45口径連装砲2基、15センチ40口径単装砲14基、8センチ40口径単装砲12基、47ミリ単装砲8基、45センチ水中魚雷発射管4門

二〇一三年八月六日、横浜で、海上自衛隊のヘリコプター搭載護衛艦「いずも」が進水した。同艦は、大戦中に日本が保有した正規空母にも匹敵する海上自衛隊として最大級の艦艇であり、また実質的にヘリ空母であることから内外から関心を集めたが、それに加えて中国では、侵略に使われた旧日本海軍の軍艦と同じ名前であることも注目された。つまり、かつて黄浦江にその姿を浮かべていた巡洋艦「出雲」に結び付くというわけである。「いずも／出雲」は、艦艇の名前としては、中国侵略を連想するキーワードとして機能するものなのである。

日清戦争終結後、日本海軍は軍備拡張計画として、戦艦六隻、一等巡洋艦六隻を中核とする「六六艦隊計画」を立案、実施した。これは、戦争になった場合に、仮想敵国がヨーロッパから極東に回送しうる軍艦について、補給等の条件から巡洋艦・旧式甲鉄艦であろうと想定し、旧式戦艦につい

ては一等巡洋艦で対抗しうるものとして考え出されたものである。巡洋艦という艦種は、通商破壊や植民地警備などがその用途として考えられていたが、日本海軍はこのとき、戦艦に準ずる主力艦として用いることを想定したわけである。

六隻の巡洋艦は、イギリス、ドイツ、フランスの三か国で建造された。これだけの大きさの軍艦は、まだ国内建造が難しかったからである。

出雲が建造されたのは、イギリスのニューカッスルにあるアームストロング社エルジック工場である。一八九八（明治三一）年五月一六日に起工され、翌年九月一九日に進水。一九〇〇（明治三三）年九月二五日に竣工し、日本に回漕されて同年一二月八日に横須賀に到着した。そして一九〇三(明治三六)年に一等巡洋艦を中心とする第二艦隊が創設されると、出雲はその旗艦となり、一九〇四（明治三七）年に始まった日露戦争では蔚山沖海戦（八月一四日）、日本海海戦（一九〇五年五月二七～二八日）に参加。一九一三（大正二）年には、メキシコ革命に際して邦人保護を理由にメキシコ西岸に派遣され、一九一四年に勃発した第一次世界大戦では、戦艦「肥前」、巡洋艦「浅間」とともに遣米支隊を編成、北米西海岸の警備にあたった。続いて一九一七年の前半はインド洋警備、また一九一七年七月から一年間、出雲は第二特務艦隊の旗艦として、マルタ島を基地に地中海で連合軍の船団護衛に従事した。

一九二一（大正一〇）年、出雲は他の日露戦争以来の一等巡洋艦とともに、一等海防艦へと類別変更された（一九三一年には等級廃止で海防艦に）。この類別変更により、明治後半から大正を通して第一線にあり続けてきた出雲は、ここでようやく後方へと下がったかのようにも見える。

巡洋艦出雲、写真提供：月刊『世界の艦船』

しかし、出雲の戦いはこれで終わらなかった。一九三二（昭和七）年、第二遣外艦隊の一員として中国沿岸で警備行動をおこなっていた出雲は、二月二日に新編された第三艦隊に編入され、上海に向かうことになった。二月五日、佐世保で第三艦隊司令部要員を乗せ、将旗が掲げられて旗艦となる。それ以降、出雲は上海における日本海軍の象徴的存在となり、また海軍による中国への軍事的圧力の、そのいわば司令塔となったのである。一九三七（昭和一二）年に勃発した日中戦争では、新たに設けられた支那方面艦隊の旗艦となり、南京攻略戦の支援、揚子江の遡上作戦、また海軍機による都市無差別爆撃など、出雲に置かれた艦隊司令部は、中国大陸で展開された海軍のあらゆる戦闘に関わりをもった。

一九四三（昭和一八）年、出雲はようやく上海での任を解かれて内地に帰還、兵学校練習艦として呉にその身を浮かべることになった。そして一九四五（昭和二〇）年七月二四日、呉軍港空襲の際に他の残存艦艇ともども被弾、浸水擱座した。そしてそのまま敗戦を迎えたのである。

19

9600形蒸気機関車

本格的な機関車量産への第一歩

1913（大正2）年初号機完成
全長　1万6551ミリメートル
全高　3813ミリメートル
火格子面積2.32平方メートル
動輪直径1250ミリメートル
シリンダー内径×行程　510×610ミリメートル
軸配置　1D

マレー式、という様式の機関車があった。一両の機関車で二組の走り装置を持っており、そのため出力を大きくできる。また動軸数が増えることによって、出力の割には一軸当たりの重量が軽減でき、したがって線路の弱いところでも使えるという利点がある。反面、走り装置が二組となるうえに、二組の走り装置は高圧用と低圧用に分かれており、高圧で一度使用した蒸気を低圧側に送って再利用するため、構造が複雑になり、また価格も高くなるという欠点があった。このマレー式を、日本では一九一〇年代に箱根越え（当時、東海道本線は現在の御殿場線を通っていた）をはじめとする勾配区間に投入し、輸送力を増大させていた。

だが、この高価で複雑という点は、一九一二（明治四五）年八月に海外出張から帰国して鉄道院工作課長となった島安次郎（一八七〇～一九四六）の考え方にそぐわないものであった。

欧州出張前に島安次郎が立てた構想を、先輪の軸数を数字、動輪の軸数をアルファベットで示す軸配置で述べると、一般旅客列車を2B、急行旅客列車用を2C、そして貨物用を1Dで揃えるというものである。そのうち2Cについては、英米独の三か国からそれぞれに特徴のある機関車を導入したことは前に述べた。そして残りの2Bと1Dはドイツ流の設計に学びつつ、国産で段階的に開発が進められた。ここで述べる機関車は、その1Dの一つであり、最終的な到達段階となった車両である。

1Dのうち、最初に完成したのは9550形という。一九一三（大正二）年のことである。しかしこれは飽和蒸気式で、すでに過熱蒸気式の優位性が明らかとなっていたため製造は一二両で打ち切られ、すぐさま過熱式の9600形に切り替えられた。しかし、火室の形状や寸法を見直し、出力をさらに増大させた1Dを作ることになり、一二両が完成した9600形は、登場から間もないうちに9580形へと、その形式名称を変えさせられた。次の更なる新機関車にその名を譲るためである。

帰国した島は、9580形をベースとした計画を作成し、設計を命じた。

この新しい1Dは、9580形で火室を台枠の間に落とし込んでいたのを改め、台枠の上に置くことで火室を広くすることにした。そのために罐中心高が大きく、それだけ重心位置も高くなったが、少し前にドイツから輸入した、同じように罐中心の高い機関車の経験から踏み切った。もちろん計算でも、転覆の危険性の小さいことを承知した上でのことである。出力については、先述したマレー式に匹敵する数値が設定された。

新しい9600形の初号機が完成したのは、一九一三年末のことである。一年のうちに9550

9600 形蒸気機関車、写真：鉄道博物館

形から数えて三形式が生み出されたわけで、段階的とはいっても、急ピッチで9600形に到達したのである。

最初に完成した一八両の9600形は、容量の小さな炭水車を付けて、まず東海道本線の大津～京都間（逢坂越え）と山北～沼津間（箱根越え）に投入された。つまりデビューは、勾配区間における補助機関車としての使用だったのである。しかしながら粘着牽引力ではマレー式に及ばず、箱根からマレー式を駆逐するには至らなかった。

9600形は、一九一四（大正三）年から貨物用機関車として本格的な量産に入る。生産は第一次世界大戦の影響である好景気にも押され、国鉄向けだけでも総計七七〇両が一九二六（大正一五）年までに製造され、四国を除く全国――日本領であった樺太から台湾まで――にあまねく行き渡り、活躍した。一九三七（昭和一二）年に日中戦争が始まると、占領地の鉄道で使用するために、合計二五五両が国鉄から引き抜かれて中国大陸へと送られている。

9600形は、最末期まで使われた機関車の一つとなった。一九七五（昭和五〇）年の国鉄蒸気機関車全廃の際、蒸気機関車牽引として最後の旅客列車をC57形が牽引したことはよく知られている。だがこのとき、北海道の追分機関区に、入替用として9600形がまだ残っていた。その翌年に9600形が引退したことで、国鉄から保存用を除いた蒸気機関車がすべて姿を消したのである。

20 タクリー号

登場が早すぎた「国産車」

1907（明治40）年9月完成

一八九七（明治三〇）年頃（と推定されている）、東京に双輪商会という名の自転車輸入販売業者が誕生した。創業したのは吉田真太郎（一八七七〜一九三一）。当時、鉄道建設や港湾開削などの大規模工事の請負をしていた吉田寅松の長男として生まれた人物である。

双輪商会があつかった自転車は、アメリカのデイトンというブランドである。これはデービス・ソーイングマシン（Davis Sewing Machine Co.）という名のミシンメーカーが作った自転車で、当時アメリカでも有数のブランドであった。後、デービス社は事業を清算するものの、同社の自転車事業は現在のハフィー（Huffy）社に引き継がれ盛業中である。

デイトンは好評を博し、双輪商会の事業は急成長を遂げる。

真太郎は、一八九九（明治三二）年に政治家・三浦安（一八二九〜一九一〇）の娘と結婚する。そして一九〇四（明治三七）年、真太郎は義父となった三浦安とともに渡米する。前年に自動車の予約注文を双輪商会自動車販売部名義で広告を出しての渡米であり、そして帰国後、自動車三台を販売している。この時に売った自動車のうち一台は乗合自動車であったが、これを日本で組み立てる際、逓信省電気試験所にいたアメリカ帰りの技術者である内山駒之助という人物を引き込んで製作させた。やがて真太郎は、東京自動車製作所を設立する。

自転車の輸入販売で成功を収めた真太郎は、続いて自動車を取り扱うことを考えたのであった。だが販売代金の回収が上手くいかず、自動車販売事業は経営不振に陥ってしまう。

同じ頃、ドイツ皇太子の結婚式に参列した有栖川宮威仁親王（一八六二～一九一三）が、フランス製の自動車ダラック号を購入して帰国した。一九〇五（明治三八）年のことである。この頃、富豪の中にも自動車を所有する者が現れ始めていたが、維持するために必要な修理をおこなえる技術者はほとんどいなかった。そのため吉田真太郎の東京自動車製作所が彼らの自動車修理を引き受けることになるが、やがて有栖川宮から自動車製造を打診される。吉田たちは輸入した水平対向二気筒エンジンを使用し、一九〇七（明治四〇）年九月に自動車を完成させる。この有栖川宮に納入された第一号車を皮切りに数台が作られ販売されたが、もとより一から部品を製作したわけではないアセンブリーとはいえ、まがりなりにも日本人が自動車を組み立て、実用に供しうる車両として販売された最初の例となった。この自動車はいつしか、ガタクリ走るという意味でタクリー号と俗称されるようになったという。

しかし技術的基盤を欠いた状態では、外国車の発展に対抗できるはずもない。当時の自動車は数千円もするシロモノだったが、これは家の一軒も建てられるという金額である。そして維持費は毎

タクリー号、写真：日本自動車工業会

月数十円。これは勤め人の月収がまるまる飛んでしまうと考えればよい。同じ買うにしても性能の良い外国車を選ぶのは当然であろう。後、吉田真太郎は大倉喜七郎の援助を受けることになるが、経営方針をめぐって大倉と対立し退社。以後、彼は転変激しい人生を送ることになる。

大倉と袂を分かった吉田真太郎は、三井物産が輸入自動車の取り扱いを始めたことから、同社の販売と修理を担うことになった。またこの時、運転手派遣や養成にも力を入れている。しかし肝心の自動車はなかなか売れず、やがて三井物産は在庫を持て余すようになった。三井物産は同社鉱油部にいた梁瀬長太郎（一八七九〜一九五六）にほぼ無償で一任し、自動車の輸入販売業から撤退する。ここで行き場を失った吉田真太郎は次にハイヤー業を始めるが、後発組ということもあり、ふたたび事業に失敗してしまう。

一方、三井物産の在庫を引き受けた梁瀬の方は、梁瀬商会として独立。第一次世界大戦勃発による輸入途絶と大戦景気によって在庫を一掃した後、一九二〇（大正九）年に梁瀬自動車（株）を設立、外国車の輸入販売業者として知られる株式会社ヤナセの礎を築くことになった。

吉田真太郎はハイヤー事業の失敗を機に、自動車の世界から去ることになる。弟を頼っての工事現場監督を経て、最後に手掛けた事業は温泉掘削事業であったという。

21 天洋丸

豪華客船の夢と挫折

1908（明治41）年就航
垂線間長　167.6メートル
幅　19.2メートル
1万3454総トン
機関　蒸気タービン　3軸
出力　1万9000馬力
最高速力　20.6ノット

近海航路において、外国船社が優位にあった状態から日本が脱したのは、一八七〇年代の後半、明治一〇年前後のことである。そして一八八四（明治一七）年には大阪にあった群小の海運業者が合同して大阪商船が誕生し、さらにその翌年には、政府の方針によって日本郵船が設立されて、近代の日本海運を支えることになる二大海運業者が揃った。この頃はまだ、日本汽船が就航する海外定期航路といえば日本郵船の上海航路、仁川航路、そしてウラジオストク航路と、いずれも日本近海に限られていたが、それも一八九〇年代を通して、欧州航路やシアトル航路が開設されていくようになる。

そのような中、石炭の回漕を始めて一〇年目という浅野総一郎（一八四八〜一九三〇）が、外国航路を夢見て東洋汽船株式会社を設立した。一八九六（明治二九）年六月のことである。会社を設立するや、浅野はすぐさま渡米して事業提携先を見つけ、そして新造船三隻を英国に発注する。そして早くも一八九八（明治三一）年一二月にはハワイ経由のサンフランシスコ航路の開設に漕ぎつけた。

そして二〇世紀に入ると外国船社の中で大型船建造の動きが起こり、それに刺激されて東洋汽船も大型新造船の建造を目論んだ。途中、日露戦争の影響による遅延もあったが、一九〇五（明治三八）年六月二三日、三菱長崎造船所において一万二〇〇〇トン級の貨客船二隻が起工した。当時の日本にとって破格の大きさだが、機能面においても、石油を燃料とし、機関はレシプロエンジンではなくタービンを採用するなど、世界を見渡してもまだ珍しい技術を採用していた。これは、やっと七四〇〇トンの貨客船丹後丸（日本郵船）を建造した長崎造船所にとって荷が重く感じられる事業であったようで、三菱側は船型の縮小やレシプロエンジン採用を持ちかけたが、浅野はそれに応じなかったといわれる。

船体の建造そのものは日本でおこなわれたが、材料の鋼材やタービンなど、船価の三分の一相当が輸入品で占められたといわれる。中でも特筆しておきたいのは、船内装飾もイギリスからの輸入であったことである。金属加工のみならず家具工業もまた、一等船室で用いるレベルには達していなかった。しかしそれだけに、輸入品によって贅を尽くした意欲的な船が誕生したともいえるわけである。なお天洋丸にはドイツのテレフンケン社製無線電信が設備されたが、これも日本の商船として初めてのことであった。

二隻の船は、一番船が天洋丸、二番船は地洋丸と名付けられた。天洋丸は一九〇七（明治四〇）年九月一四日に進水し、艤装工事を経て一九〇八（明治四一）年四月二二日に引き渡しがおこなわ

天洋丸、写真：日本郵船歴史博物館

れた。

日本の国力と比べて破格とすらいえる船であったが、この建造により、日本の造船業を大きく進歩させたといわれる。だが経営面では不遇であった。カリフォルニア産の石油を使うことで燃料費をおさえる目論見は、原油関税が引き上げられたことで崩れ、石炭焚きを強いられることになった。何より東洋汽船という会社自体が、サンフランシスコ航路と南米航路を除けば目ぼしい航路を持っておらず、苦しい経営を強いられていたのである。

横浜出帆の日には浅野総一郎がわざわざ見送りに来たというほどの天洋丸だが、外国船社との競争にもさらされ、東洋汽船の経営は苦しさを増すばかりであった。ライバルに対抗すべき新造船の建造もかなわず、一九二六（大正一五）年三月、サンフランシスコ航路と南米航路およびその使用船は、日本郵船に引き継がれた。その後もしばらくはサンフランシスコ航路にあったが、浅間丸の建造により一九三〇（昭和五）年に引退、後にスクラップとされて姿を消したのである。

22 アンリ・ファルマン機

日本の空を飛行機が飛ぶ

1910（明治43）年12月19日飛行
全幅　10.50メートル
全長　12.00メートル
主翼面積　50.0平方メートル
全備重量　600キログラム
乗員　2名
動力　グノーム空冷式回転星型7気筒50馬力

一九一〇（明治四三）年一二月一九日、東京の代々木練兵場で二つの飛行機が空を飛んだ。徳川好敏大尉（一八八四～一九六三）が操縦するアンリ・ファルマン機と、日野熊蔵大尉（一八七八～一九四六）の操縦するハンス・グラーデ単葉機である。気球など浮力を利用した軽航空機はこれまで見たように既に使用されていたが、動力を用いて翼に働く空気の流れを利用して揚力を得る、今日の我々が一般に「飛行機」と呼びならわす乗り物がはじめて日本の空を飛んだのは、このときのことである。それまでにも飛行機を作って空を飛ぼうとしていた人が日本にいなかったわけではないが、最初の飛行は民間ではなく官の力によっておこなわれたわけである。

空を飛んだ二人の大尉は陸軍軍人であった。しかし、それでは陸軍が飛ばせたのかというと、少し事情が違う。彼らは陸軍軍人ではあったが、同時に「臨時軍用気球研究会」という名を持つ政府機関の一員として航空機についての研究に携わっていたのである。

臨時軍用気球研究会が設立されたのは、一九〇九（明治四二）年七月三〇日のことである。この機関は、陸軍大臣および海軍大臣の監督下に置かれる形がとられた。また、名前こそ「気球研究」となっているが、その目的は「気球及飛行機に関する諸般の研究を行ふ」（勅令第二〇七号「臨時軍用気球研究会官制」第一條）とされており、また委員には、それまで独自に飛行機の研究を手がけていた日野熊蔵および奈良原三次（一八七七～一九四四）の二人が含まれていたことから、気球も含めた航空機全般の研究をおこなう組織であったということができる。

設立から半年も経たない一二月九日、臨時軍用気球研究会の委員の一人である田中舘愛橘《たなかだてあいきつ》（一八五六～一九五二）の指導の下に、上野不忍池の上空にグライダーが飛んだ。操縦者はフランス海軍中尉ル・プリウール（一八八五～一九六三）。その後、委員の一人であった海軍大尉相原四郎（一八七九～一九一一）も飛行を試みるが途中で池に失速墜落する。相原大尉は泥まみれになったが、幸いにも怪我を負わずに済んだという。

一九一〇（明治四三）年二月一九日、相原四郎は研究のためにドイツへと赴いた。続いて三月三〇日には徳川好敏と日野熊蔵の欧州出張が決定される。理由はいうまでもなく、飛行機の研究と購入のためである。二人が操縦術を覚えたのは、この欧州出張の時であった。そして彼らの後を追うように、五月になると今度は田中館愛橘が、海外の航空事情を視察するべく四か月の予定でヨーロッパに派遣された。

本項の冒頭に述べた日本で最初の動力飛行は、このようにして準備が整えられていったのである。

欧州出張が決まった徳川と日野はフランスに渡りアンリ・ファルマン飛行学校に入学する。しか

アンリ・ファルマン機

しそこで免許を取得したのは徳川だけである。日野は入学からしばらくして、単身ドイツに移動し、そこで操縦技術を習得した。機材の購入もそれぞれにおこなわれたため、先に見たように日本での初飛行は、フランス製のアンリ・ファルマン機とドイツ製のハンス・グラーデ単葉機と二か国の飛行機が使われることになったのである。

だが、当初は両名ともフランスに渡ったところから見て、フランスに学びフランスの機材で行く方針は、当初から決まっていたように思われる。その後、さまざまな機体が輸入され、あるいは日本で製造が試みられたが、ファルマン社の飛行機は一九一〇年代の後半まで我が国航空界の主力であり続けたのである。

23

カーチス水上機

飛行機が郵便物を運びはじめる

日本最初の郵便飛行は、一九一二（明治四五）年六月一日におこなわれた。徳川、日野両大尉による日本で最初の公式記録飛行からおよそ一年半後のことである。飛行区間は東京〜横浜間。この時に飛んだのは、ウィリアム・B・アットウォーターという名のアメリカ人であった。

飛行学校を卒業して間もない彼が日本に持ち込んだのは、カーチス水上機である。当初の計画では、四月二八日に太平洋上で乗船モンゴリア号より飛行機を降ろし、空から日本入りをするというデモフライトをおこなう予定だったが、もとより東京湾口は要塞地帯であるため、それは取りやめになったといわれる。

だが実行したとしても、当時の水上機で、果たして外洋を離水して東京まで飛ぶことができただろうかという疑問もないではない。後述するように、湾内でも色々とトラブルが起きている。当時の飛行機は、風や波に対してまだまだ弱い代物だった。

1912（明治45）年6月1日
飛行

ところで、空から入国という演出がかなわなかったアットウォーターの飛行機だが、横浜で船から降ろす際に、船腹にぶつけて壊してしまったという。この一事をもってしても、波の高い外洋に降ろすという計画は、最初から無理があったのではないか。

壊れた飛行機は修理され、五月五日に試験飛行を実施。その翌日には横浜沖で三〇分の飛行がおこなわれた。ちなみに、日本海軍による初飛行は、追浜においておこなわれた河野三吉大尉操縦のカーチス水上機によるもので、同じ年の一一月二日のことであった。アットウォーターによる横浜での飛行はそれより半年も早いから、したがってこれが、日本で最初の水上飛行機による飛行ということになる。

続いて五月一一、一二日の公開飛行も無事に済ませ、いよいよ本邦初の郵便飛行が実施されることになる。これは一種の興行でもあり、一般観衆よりお金を取って飛行を見せた。ハガキ料金が一銭五厘の時代に入場料が甲種一円、乙種五〇銭というのだから、今から考えれば、ただ飛行機が飛ぶのを見るだけにしてはやけに高い。

予定では五月二五、二六日の両日に、東京芝浦の埋立地から横浜にあるパシフィックメイルの貯炭場までの間を往復することになっていた。ところが当日、出発点の芝浦に向かうために横浜を出発したものの、羽田沖にエンジン不調で不時着水してしまう。そこをたまたま通りがかった船に引っ張ってもらって何とか芝浦まで来るが、今度は陸上に引き上げる際に転覆してしまった。そのため飛行は、六月一、二日の両日に延期となってしまったのである。

六月一日、一般観衆だけでなく、東京市長尾崎行雄や田中館愛橘なども観覧する中、アットウォー

（上）カーチス水上機
（下）ウィリアム・B・アットウォーター
写真提供：日本航空協会

ターは午後四時半頃に出発。それからおよそ一時間後、横浜に無事到着した。運ばれた郵便物は到着後、直ちに自動車で横浜郵便局に運び込まれた。これらは二枚一組一五銭で売り出されていた記念絵葉書で、会場に特設された取扱所に差し出されたものである。

帰路は午後六時頃に出発。水上滑走のまま芝浦に着いている。飛ばなかった理由はエンジン不調とも、あるいはフロート内の浸水とも言われている。もしそれが事実であれば、随分とよく壊したものである。もっとも当時の飛行機はよく壊れ、墜落も多かったから、致し方なかったと言えるかもしれない。なお翌日の飛行は、折からの強風で様子を見ているうちに干潮となり、中止になった。

ちなみに六月一日に芝浦横浜間を運ばれた郵便物の量は、往路が約一〇〇〇通、復路が八〇〇通と言われている。芝浦から横浜まで一時間という数字は、新橋～横浜間の鉄道の所要時間とあまり変わらない。実際問題としては、このような短距離では飛行機をわざわざ使う意義に乏しいが、しかしデモンストレーションとして見れば、郵便飛行の将来的な可能性を示して見せたという点において意味があったものと思われる。

過熱式蒸気機関車の登場

新しい技術は輸入して学べ

　日露戦争の戦後処理はポーツマス条約にもとづいておこなわれましたが、その中には、日露両国の鉄道連絡運輸を促進することが取り決められていました。第八条において「日本帝国政府及露西亜帝国政府ハ交通及運輸ヲ増進シ且之ヲ便易ナラシムルノ目的ヲ以テ満洲ニ於ケル其ノ接続鉄道業務ヲ規定センカ為成ルヘク速ニ別約ヲ締結スヘシ」とされているのがそれです。これを受けて日露間に幾度かの交渉が持たれ、一九一〇（明治四三）年より連絡輸送が開始されましたが、それは東京（新橋）から、やはり日露戦争の結果日本の勢力圏に組み入れられた朝鮮半島を経由して、ポーツマス条約によってロシアから日本に譲渡された長春までの鉄道を、日本が一貫して経営するということをも意味しました。そしてそれは、シベリアを経由することによって、アジアとヨーロッパを結び、ひいてはその先の鉄道や航路と連絡することによって世界一周連絡へとつながっていくものでもあったのです。

　しかしそれには、日本側に大きな問題がありました。国際連絡運輸にふさわしい特別急行列車を仕立てようとしても、それを所定の速度で牽引できる機関車が日本に無かったのです。そこで鉄道院は先輪二軸、動軸三軸の2Cテンダー機関車を計画しますが、このときドイツ駐在の技術者島安次郎（一八七〇～一九四六）の主張によって、過熱式を採用することになりました。

　それまで日本にあった蒸気機関車は、飽和蒸気を利用するものばかりでした。飽和蒸気とは液体と気体（蒸気）が平衡状態にあるもので、したがって温度が少しでも下がるとその圧力は低下し、凝結が始まって一部は液体に戻ってしまいます。

それに対して過熱蒸気は、液体から分離した蒸気を、その圧力は変えないままさらに沸点以上に過熱したものです。これは多少温度が下がっても凝結することなく、また体積も増えることから、飽和蒸気よりも熱効率の良い仕事ができるものでした。

一九一一（明治四四）年、鉄道院はノースブリティッシュ（イギリス）、ベルリン造機、ボルジッヒ（ドイツ）、アルコ（アメリカ）と2Cテンダー機関車製作について契約を結びます。当初は、同じ仕様で各国に二ダースずつ発注する予定でした。このうち、鉄道院が提示した仕様書にもっとも近い形で作られたのは、ベルリン造機の８８００形です。同じドイツでもボルジッヒが作った機関車は、罐中心が高く、またピストンの動きを第一動輪に伝える独特の形で納品され、こちらは８８５０形となりました。一方、イギリスのノースブリティッシュは過熱式ではなく飽和式を提示してきます。それでは鉄道院として意味が無いのですが、結局二ダース発注予定のところを一ダースに削減して発注することになり、こちらの形式は８７００形とされました。なおこの形式も、後に日本の手によって過熱式へと改造されています。

見た目にも構造的にも最も特色ある機関車を提示してきたのは、８９００形という形式名を与えられることになったアメリカのアルコでした。アルコは2Cという軸配置を批判的に否定し、三軸ある動輪の後ろにさらに車輪を置いて、その車輪で支えるように広い火室を置く2C1という軸配置を提示してきたのです。理由は、その方が大きな熱エネルギーを得ることができ、輸送量の増大に対応できるというものでした。過熱式であることを除けば鉄道院の仕様書から最も遠いものですが、８９００形は四形式の中でも最大両数となる三ダースが製造されました。これは代理店である三井物産が、西園寺内閣の与党である政友会と強いつながりを持っていた結果だともいわれています。

舶着した機関車は、川崎造船所や汽車製造の技術者も交え、工作精度や材料の硬度に関する徹底的な調査がおこなわれ、汽車製造で８７００

形が、また川崎造船所では8850形がそれぞれ国産されました。このコピーは、剽窃的模倣とも、また最初から海外メーカーとの契約に含まれていたとも言われますが、いずれなのかはっきりしたことはわかりません。しかし、このときのデッドコピーという形をとった機関車製造が、各メーカーにとって新型機関車について学ぶ機会になったと同時に、大型機関車の貴重な製造経験となったであろうことは、おそらく間違いないでしょう。

この四形式は、過熱式の採用をはじめ、後の国鉄制式機関車に大きな影響を与えましたが、2Cという軸配置は受け継がれませんでした。その後、一九一九（大正八）年より製造が始まる18900形以降、国鉄の旅客用機関車として長く採用されるようになったのは、アルコが提示した2C1だったのです。

8900形蒸気機関車
写真：鉄道博物館

大正

24

巡洋戦艦　金剛

新造戦艦として最後の海外建造

1913（大正2）年8月16日竣工
全長　214・6メートル
全幅　28・0メートル
排水量　2万6330トン
蒸気タービン二基四軸
6万4000馬力
速力　27.5ノット
兵装　45口径35.6センチ連装砲4基
50口径15.2センチ砲16門

一九〇六年、イギリスで「ドレッドノート」という、常備排水量一万八〇〇〇トンの戦艦が就役した。この戦艦はタービン機関の採用による高速化と、単一の大口径主砲を増やしてかつ極力中心線上に置くことによって多数の主砲による両舷への斉射を可能とし、それまであった各国の戦艦を一気に旧式化させてしまったのである。この年、日本海軍は排水量およそ一万九〇〇〇トンの戦艦「薩摩」を横須賀海軍工廠で進水させたが、この国産最初の戦艦もまた、同じように就役を前にして一気に旧式化してしまっていた。

さて、日露戦争後の日本海軍は、戦艦と同じ主砲を載せた装甲巡洋艦を四隻保有していたが、一九一一（明治四四）年、ドレッドノートを超える（これを、超ド級という）装甲巡洋艦を計画した。先述したように、当時の日本は既に戦艦建造の実績を持ってはいたが、新しい技術導入の目的もあり、イギリスに発注することになった。これが「金剛」である。

金剛の建造にあたっては、アームストロングとヴィッカースの二社が受注を競うことになったが、日本海軍はヴィッカースへの発注を決定する。しかしこれが、後に述べる疑獄事件へと発展する。

さて、金剛をイギリスに発注した理由には、先ほど述べたように技術習得という目的があった。そのために日本海軍は、技術将校や、また金剛の同型艦を建造することになる海軍工廠や民間造船所の技術者や工員を多数イギリスに派遣した。またヴィッカースとの取り決めに従い、設計図は日本側に引き渡され、それを基に「比叡」「榛名」「霧島」の三艦は日本国内で建造された。この時代は軍艦の設計建造に関する技術革新が相次いで起こった頃であり、建造当時、金剛は世界最強の軍艦として登場したのであった。なお金剛とその同型艦は、計画当時こそ「装甲巡洋艦」であったが、新たに「巡洋戦艦」という類別が日本海軍に設けられたことから、巡洋戦艦として登録された。なお金剛の起工は一九一一（明治四四）年一月一七日、翌年五月に進水し、一九一三（大正二）年八月一六日に竣工している。

さて、金剛が建造された時代は、都市で民衆による騒擾事件がしばしば起きていた時代でもあった。一九一三年の第一次護憲運動では「藩閥打倒・憲政擁護」がスローガンに掲げられ、第三次桂内閣を倒閣にまで追い込んでいた。

桂内閣が倒れたあとに成立したのは、山本権兵衛内閣である。藩閥打倒を掲げて長州閥陸軍の桂内閣を倒した後に成立したのが薩摩閥海軍の山本内閣とあって、世論に不満を残す結果となっていた。しかも、かねてからの悪税反対運動が続いていた。営業税、織物消費税、通行税の三税が民衆の大きな負担となっていたのである。しかし山本内閣は海軍拡張を進める一方で負担軽減について

巡洋戦艦金剛、写真提供：月刊『世界の艦船

は回避し、これが民衆の不満を高めることになった。

そこに、海外からドイツの兵器会社シーメンス社従業員による不正事件が報じられ、日本海軍の高官複数がシーメンス社から収賄していたという事実が明らかにされた。一九一四（大正三）年二月一〇日、野党は内閣弾劾決議案を提出するも、与党の反対によって否決。だがこの日、日比谷公園の国民大会に集まった民衆は官憲と衝突して流血の惨事となった。やがて捜査が進むと、複数の海軍高官が金剛発注をめぐってヴィッカースおよびヴィッカースの代理店であった三井物産からも賄賂を受け取っていた事実までが判明、議会の中でも内閣打倒の動きが活発となり、貴族院が予算案を否決したことから山本内閣は総辞職に至ったのである。

金剛はその後、幾度かの改修を受け、速力三〇ノットの高速戦艦として太平洋戦争を迎えることになる。当時、日本海軍が保有していた戦艦の中では最も艦齢が高かったが、にもかかわらず、三隻の同型艦も含めて最も活躍した戦艦となった。だがレイテ沖海戦の後、日本本土に向かう途中でアメリカ海軍の潜水艦シーライオンからの魚雷攻撃により、台湾付近で撃沈された。一九四四（昭和一九）年一一月二一日のことである。

25

陸軍、トラックの国産に挑戦する

甲号自動貨車の誕生

1911（明治44）年、大阪砲兵工廠で「甲号自動貨車」完成

自動車が活用された戦争として確認できる最古の例は、ボーア戦争である。このときイギリス軍は、ソーニークラフト社の蒸気自動車を輸送用に使用した。

日本陸軍は、日露戦争以前から自動車を戦争に用いることについて関心を持っていた。しかし自動車そのものの購入はもう少し後、一九〇八（明治四一）年になってからである。このとき、フランスのノーム社から二台のトラックを購入したが、代金は二台で一万円という、家の二、三軒も建てられるほど高額なものであった。陸軍はこのノーム・トラックで東京～青森間の往復を試みるが、往復におよそ一か月を費やした。自動車そのものが大した速度を出せず、また途中で故障したということもあるが、道路そのものが車両通行には適さない状態だったことも忘れてはならない。その後陸軍はシュナイダー（フランス）、ソーニークラフト（イギリス）、ガッケナウ（ドイツ）などのトラックや部品を輸入し研究を重ね、一九一一（明治四四）年、大阪砲兵工廠で「甲号自動貨車」（自

重二・五トン、積載量一・五トン。なお「自動貨車」とは、陸軍におけるトラックの呼び方である）が、また東京砲兵工廠では「乙号自動貨車」が完成した。ちなみに砲兵工廠というのは武器や弾薬を作る陸軍の工場であるが、当時の大阪砲兵工廠は民間需要にも応じて水道管まで供給していた。技術水準がまだ低かった日本において貴重な工業製品の供給源であり、工業技術のいわば源流ともいうべき役割も担っていたのである。

大阪で完成した甲号自動貨車は東京に送られたが、船や鉄道は使わず、中仙道にコースをとって自力で回送した。このとき中仙道が選ばれた理由は、前年の台風による橋梁流出をきっかけに新しい橋が架けられているから、東海道など他のルートよりも安全であると判断されたからだといわれている。それでも通行困難な区間や橋が多く、東京に着くまでに半月を要したというから、当時の日本の道路が車両通行にどれほど適していなかったかを窺い知ることができる。

完成した甲号および乙号自動貨車を使用して陸軍は各種の試験を開始するが、一九一四（大正三）年の第一次世界大戦勃発とそれにともなう日本の参戦により、早くも実戦に使用する機会がやってきた。甲号自動貨車は、東京砲兵工廠製の乙号自動貨車ともども中国の青島に輸送され、ドイツ軍との戦闘に投じられた。任務は後方での輸送だが、なかでも青島要塞攻撃に投じられた重砲の砲弾輸送にその威力を発揮した。青島を攻略する日本軍は砲弾の輸送に手押し軽便鉄道も活用したが、それに比べて、一日に物資集積地と前線を幾度も往復可能な、人力とは比べ物にならない自動車の機動力に陸軍は目を見張ったという。以後、日本陸軍は軍用トラックに多大な関心を寄せるようになる。

甲号自動貨車のイラスト：日本自動車工業会

だが当時の日本は、自動車産業が確立する兆しすらなく、先述したように、東京と大阪の砲兵工廠がやっとトラックを完成させたのが関の山であった。これでは、戦争で大量のトラックを使用することは難しい。

当時、ヨーロッパのいくつかの国では、平時は民間でトラックを保有してもらい、戦時にそれを軍が徴発して使用できるようにするための補助金が設けられていた。そのようにすれば、軍が平時に大量のトラックを必要もないのに保有するという無駄が省けるというわけである。日本も早速この制度を採り入れるが、一つ違ったのは、補助金をトラック保有者だけではなく、製造業者にも支払う点にあった。それによって国内の自動車産業を保護育成しようとしたのである。そのために作られた法律を、「軍用自動車補助法」（一九一八［大正七］年三月二五日公布、同年五月一日施行）という。だが自動車産業の確立は、大変厳しい道であった。陸軍は、三菱造船や川崎造船をはじめ、多数の会社に自動車製造を呼びかけた。しかし当初、軍用保護自動車の製造に乗り出したのは東京瓦斯電気工業ただ一社であった。試作トラックこそ三菱や川崎も製造して陸軍の試験に合格したものの、補助金を受給しても事業として見合わないという判断から、それ以上の生産には進まなかったのである。

26 サルムソン2A2（乙式一型偵察機）

飛行機の本格的量産が開始される

1918（大正7）年、日本での製造権が取得される
全幅　11.767メートル
全長　8.624メートル
自重　950キログラム
最大速度　時速180キロメートル（高度1000メートル）
実用上昇限度　5800メートル
航続時間　3.0時間
動力　サルムソン9Z水冷星型9気筒230馬力
乗員2名

第一次世界大戦は、航空機に対して寄せられる期待と課せられる役割が飛躍的に拡大した戦争であった。当初は用途も未分化で、同じ機体で偵察や砲兵の弾着観測もすれば、爆撃や敵飛行機との空中戦もおこなうという、いわば汎用機の状態であったが、やがて、敵飛行機との戦闘を目的とする「戦闘機」、爆撃を目的とする「爆撃機」など、空中戦闘の諸様相にそれぞれ適した機体が設計、製造されるようになっていった。

サルムソン2A2は、一九一七年の後半に登場したフランスの偵察機である。木製フレームに羽布張りという当時としてオーソドックスな設計で、戦闘機のような目立つ戦歴こそないものの、偵察機として実用性が高かったようで、フランス国内で戦争終結までに三〇〇〇機以上が作られた。

一九一八（大正七）年、川崎造船所は同機および搭載エンジンの製造権を取得した。と同時に少数の機体とエンジンも輸入されたが、そこには航空発達の見地から本機を必要とした陸軍の後ろ盾があった。というのも、輸出許可をフランス政府から取り付ける必要があったため、川崎からの協力依頼を受けた陸軍は在仏駐在武官に便宜を図るよう命じると共に、外務省にも協力を依頼するという力の入れようを見せたのである。

同じ頃、日本陸軍は、第一次世界大戦で長足の進歩を遂げたヨーロッパの軍事航空に学ぶ必要を強く感じていた。そこで航空先進国であったフランスからジャック・ポール・フォール大佐（一八六九〜一九二四）率いる航空教育団を招聘し、各種戦闘から修理、製作にいたる大規模な指導を受けることになった。その際に、教育に用いられる多数のフランス製機材も輸入されたが、その中にはサルムソン２Ａ２の姿もあった。

日本国内での製造は川崎ならびに陸軍の工廠でおこなわれ、昭和初期にかけて合計一〇〇〇機近くが生み出された。運用や操縦のみならず、飛行機の本格的な量産もまた、本機によってもたらされたのである。

サルムソン２Ａ２は、陸軍では「サ式二型」という名を与えられ、まずはフランス教官団の指導の下に、陸軍航空が面目を一新するのに役立てられた。一九二一（大正一〇）年には飛行機の命名に関する規則が改正され、本機は「乙式一型偵察機」となった。

実戦参加は、一九二〇（大正九）年の間島出兵に出動したのが最初である。このとき、二機のうち一機を事故で失ったものの、追送された二機も含めた合計三機をもって、一一月から一二月にか

サルムソン A2A 機

けて連絡ならびに示威飛行がおこなわれた。

一九二三（大正一二）年九月一日に発生した関東大震災では、立川の飛行第五大隊ならびに所沢陸軍飛行学校および同校下志津分校の機体が、外部との連絡や被災地の偵察、航空写真の撮影などに従事した。その活動は地震発生翌日の九月二日には開始されており、同日午前九時に所沢を出発した機体は、岐阜の各務原で補給を受けて午後三時に大阪に到着。陸軍大臣から第四師団長宛の糧秣回送命令を伝達するとともに、東京横浜方面の被災状況をもたらした。またこの日の夕刻には、宇都宮、高崎、佐倉の各連隊に、それぞれ出動命令を伝えている。

陸軍では、第一次上海事変まで第一線にあった。

また本機には、飛行学校や新聞社など、民間に払い下げられて活躍した機体もあった。中でも特筆すべきは、一九二九（昭和四）年に日本航空輸送で使用された事実であろう。同社は、この年四月一日から運航を開始したが、事業発足に際して海外のメーカーに発注した飛行機が間に合わなかった。そのためしばらくの間は払い下げを受けた乙式一型偵察機を使用し、ひとまず貨物輸送と郵便逓送だけをおこなうことになった。日本で政策的に開始された商業航空は、本機によってその幕が開かれたのである。

27 リヤカー

近代の商工業を下支えした運搬手段

鋼管を箱状に組み、その両側にゴムタイヤを装着した車輪を取り付けた荷物運搬用の二輪車である。荷車の一種に見えるが、それまでの、堅い木を桁状に組み、その上に板を渡して車輪を取り付けた荷車とはその構造からしてかなり異なる。特徴も、たとえば一九六〇年代に発行された農機具用のガイドブックを見ると、荷車と比べて車体重量が軽い、不規則振動が少ない、走行抵抗が小さい、そして耐摩耗性が大きいということが利点として挙げられている。またリヤカーは枠組みされた荷台があるため荷崩れが少なく、木枠に板を並べただけの荷台を持つ荷車と比べて、輸送中の安定性は高い。

金属パイプによる枠組みの荷台が持つ安定性は、屋台をそのまま落とし込むだけで移動店舗として利用することができた点にも窺えよう。ラーメン屋、石焼き芋屋、おでん屋、あるいは金魚屋など、交通事情の変化もあって今ではほとんど見ることができなくなったが、リヤカーを利用した屋台は、自動車の少なかった時代には都市部でよくその姿が見られたものである。

リヤカーの発祥は、諸説あってよくわからない。一九一五(大正四)年頃に開発されたという話がある。ただ一九〇〇年頃に、自転車の普及に合わせてトレーラー付きの自転車が輸入されていたようである。また同じ頃、荷物運搬用の三輪自転車(キャリアー・トライサイクル)が、都市部における貨物運搬用に用いられ始めていた。国産も始まっていたとも言われるが、当時は自転車材料セットを輸入して組み立て販売することもおこなわれており、果たして国産がどの程度までおこなわれていたかははっきりしない。ただその中にあって、栃木県足利の酒井治郎吉という職人が三輪自転車を製造していたことは確からしい。やがて三輪自転車は、荷台を側車状に設けたものも創られるなどバリエーション展開の兆しを見せたが、一説によればリヤカーの普及により衰退していったと言われる。これらの存在は、たとえリヤカーに直接つながるものではなかったとしても、軽快な荷物運搬用の軽車両に需要があったことの表れとして見ることはできるだろう。

さて、リヤカーの普及で忘れてならないのは、溶接技術の普及についてである。二〇世紀に入って間もなく、ヨーロッパで酸素の供給が工業的におこなわれるようになり、また日本国内では水力発電によりカーバイドの国産が実現した。カーバイドは、水と反応させるとアセチレンガスを発生する。そのことから昔は夜店などの照明器具としても用いられたが、ここで重要なのは、工業的に酸素とアセチレンガスが安定して供給されるようになったことで、酸素アセチレン溶接・切断(ガス溶接・切断)の発展及び普及への道が開かれたことである。この技術が日本に入ってきたのは一九〇七(明治四〇)年のことで、大阪で技術導入が図られ、続いて一九〇九(明治四二)年に横

リヤカーで荷物を運ぶ女性たち、撮影日不明、写真：Kodansha/ アフロ

須賀の海軍工廠にドイツ製の機器が納入された。当初は造船所や大工場、軍工廠における需要であったが、大正期には国産の溶接機具も登場したこともあってか町工場への普及が見られ、鋼管の溶接や切断が容易におこなえるようになっていった。こうした技術の普及を背景として、鋼管によって構成されるリヤカーが大正時代に町工場の手によって製造されるようになっていったのであろう。またタイヤを供給するゴム工業も、この頃には国内にもう出現していた。リヤカーは、発明者の特定こそ困難だけれども、今述べたような普遍的技術を背景に製造や改良が各地で重ねられてきた、そういう製品なのである。

昭和戦前期は軽車両にも税金が課せられていたが、リヤカーのそれは自転車よりも安く、価格自体も安価でたちまち普及していった。たとえば一九三五年に名古屋のある商店が扱ったリヤカーは、二〇〇貫（七五〇キログラム）積載可能な大型で二五円一〇銭、最も小さいタイプであれば一五円六〇銭という価格であった。急行料金等を含まない東京〜大阪間の鉄道運賃が三等で六円六銭であるから、その往復分に少し上乗せする感覚で小型が買えるとは言えるだろう。これは、オート三輪すら買えない事業者にとっては福音と言ってよい運搬具である。

こうして機械化の遅れた日本において、リヤカーは格好の運搬具として広く普及していったのである。

28 消防車の登場

消防機械化の立役者

一八七〇（明治三）年、東京府消防掛は、イギリスより腕用ポンプ四台、蒸気ポンプ一台を輸入した。これをもって日本における消防機械化の嚆矢としたいところだが、しかしこの時は取り扱う技術が伴わないことから運用に困難を来し、翌年には使用を中止して函館市に払い下げてしまったといわれる。なお今日に続く公設消防は、一八八〇（明治一三）年六月一日に内務省警視局（現・警視庁）のもとに消防本部が設けられたことに端を発している。その翌年一月一四日には警視庁が設置されると同時に、警視庁に所属する形で消防本部は消防本署とその名を変えた。消防本署は後に警視庁消防部となり、一九四八（昭和二三）年に自治体消防制度が発足するまで、東京の消防は警察機構の一部であり続ける。

公設消防としての東京で最初の蒸気ポンプは、一八八四（明治一七）年にイギリスから輸入したもので、一分間に一・六キロリットルの水を高さ四七メートルまで飛ばす力があった。これは馬に牽かれるもので、火を入れてから放水が始まるまで二〇分近くを要したという。また消防用ポンプの整備が進められると同時に、消火に必要な水利の整備も開始され、一八九八（明治三一）年には鉄管水道の敷設と並行しておこなわれた消火栓の供用が開始された。一九〇三（明治三六）年にはヨーロッパ視察の成果として馬匹牽引ながら救助はしご車の輸入もおこなわれるなど、機械化は少しずつ進められていった。こうした消防機構や機材、水利などの整備によって、江戸時代からしばしば発生していた東京の大火は、次第にその件数を減少させていったのである。

一九一四（大正三）年に上野公園で開催された大正博覧会に、イギリス製とドイツ製の消防ポンプ自動車が出品された。これらはそれぞれ横浜市と名古屋市で使用され、我が国初の消防自動車となった。東京ではやや遅れて、一九一七（大正六）年にアメリカから最初の消防ポンプ自動車を輸入した。そして一九二〇（大正九）年には、消防ポンプ自動車が東京市内に六か所あった消防署とその出張所にほぼ万遍なく一台ずつ行き渡り、馬匹牽引の蒸気ポンプを廃止した。

このように順調に機械化が進められたように見える東京の消防だが、一九二三（大正一二）年九月一日の関東大震災は消防組織にも甚大な被害を与え、庁舎や各種機材と共に消防ポンプ自動車五台を焼失した。この震災の教訓を活かす形で警視庁消防部は組織の大幅な改革ならびに拡充を図ることになり、人員の大増員と消防機械設備の増強が図られることになった。消防自動車の発注は主としてアメリカ、一部はドイツに対しておこなわれ、一九二四（大正一三）年一月中旬から順次船着し、同年九月にはポンプ自動車五二台、水管自動車一五台、はしご自動車三台という陣容にまで成長している。現在、東京・四谷の消防博物館で保存されているアーレンス・フォックスおよびス

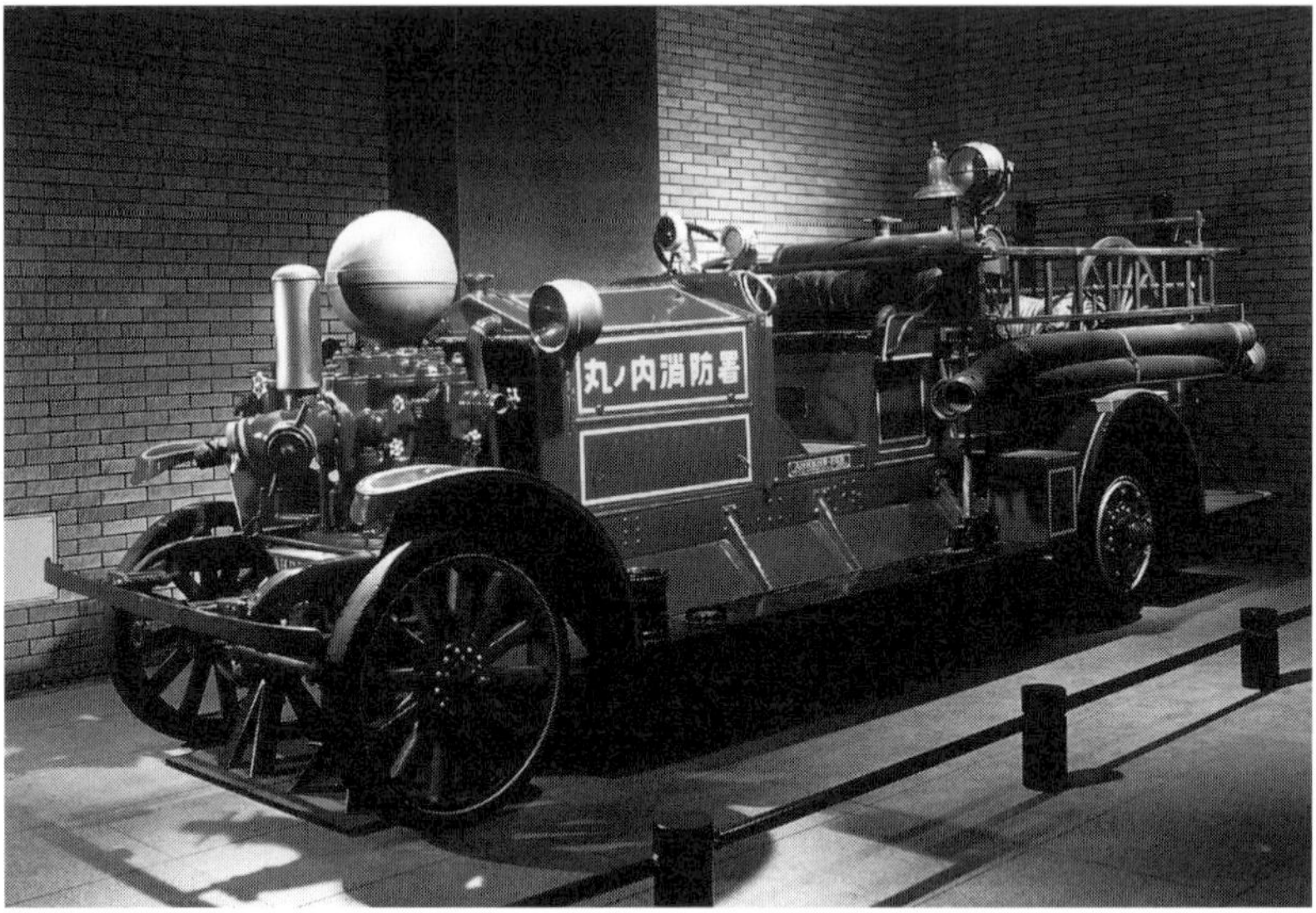

アーレンス・フォックス、消防博物館所蔵

タッツという二台のアメリカ製消防ポンプ自動車は、このときに輸入されたものである。アーレンス・フォックスは消防自動車メーカーとして有名であり、日本国内では消防博物館の他、函館にも保存車両が存在する。

こうして震災後は一層の拡充がおこなわれた東京の消防ポンプ自動車は、太平洋戦争がはじまる一九四一（昭和一六）年には二六七台にまで増え、その後は空襲対策ということもあって一九四五（昭和二〇）年一月には八〇〇台ほどにまで膨れ上がった（定数上は八五九台）。そのほか、比較的空襲の危険が少ないとされた他府県からの供出により、ポンプ自動車三一七台、手引きガソリンポンプ九二五台を集めたという。しかし、消防力で空襲に抗し切ることはできなかった。東京への機材供出はそれだけ地方の消防力を低下させたであろうし、また、警視庁消防部も、自前のポンプ自動車一一二台、供出されたポンプ自動車七四台を焼失したのである。

29 圓太郎バス

乗合自動車、首都東京を席巻す

1925（大正14）年　運用開始

一九二三（大正一二）年九月一日午前一一時五八分、相模湾を震源とするマグニチュード七・九の大地震が関東地方を襲った。建物の全半壊あわせておよそ二六万棟、焼失家屋に至っては約四五万棟。死者は東京だけでも六万人を超え、周辺地域もあわせるとおよそ一〇万五〇〇〇人が命を落とすという大災害となった。

関東大震災である。

この震災によって、東海道本線や東北本線など東京から各方面に延びる鉄道が途絶したが、市内交通の要であった東京市電も、送電設備や軌道の破壊、そして七七九両におよぶ車両の焼失によって、機能マヒの状態に陥った。九月六日には一部区間で運転が再開され、順次復旧が進められていったが、全線復旧は一九二四（大正一三）年六月一二日まで待たねばならない。そこで東京市は代替交通手段として自動車に注目し、フォード社に対してアメリカでベストセラーとなっていたT型のトラック・シャーシ八〇〇台を輸入した。それに国内で急造のボディーを架装して、震災の翌年一月一八日より営業を開始したのである。最初の営業区間は東京駅～巣鴨、東京駅～中渋谷の二系統。三月中には二〇系統、一日平均乗客数は五万人を超えるに至った。

明治の昔に橘家圓太郎という落語家がいた。この人が、乗合馬車の御者が吹くラッパを出囃子の代わりに使ったことから、東京ではいつしか馬車のことを「圓太郎」と呼びならわすようになっていた。市営バスは、急造の粗末なボディー、そしてトラック・シャーシを使ったことから来る乗り心地の悪さなどが明治のおんぼろ馬車を連想させたのか、市民から「圓太郎バス」というあだ名で呼ばれることになった。しかしそれでも震災の半年後には一日平均五万人超を運んだのであるから、その実績は、決して侮れない。

東京の乗合バスは、実はこれが最初ではなかった。一九一三（大正二）年四月一五日、京王電気軌道が新宿追分～笹塚、調布～府中、府中～国分寺の各区間で営業を開始したバスが東京で最初の例となったが、そのうち新宿追分～笹塚と調布～府中は、まだ開通していない電車に代えて運転されたものである。しかも当時の行政区分でいう「東京市」は現在の二三区よりもはるかに狭く、新宿追分が辛うじて東京市内にあった他は、すべて東京府下の郡部を走る路線だった。続いて同じ年の六月一日には堀之内自動車が営業を開始しているが、新宿と東京府豊多摩郡和田堀之内（現在の杉並区堀之内）を結ぶもので、こちらも東京市内を走る交通機関ではなかった。

東京市内における乗合バスの嚆矢は、一九一九（大正八）年三月一日に営業を開始した東京市街自動車である。最初の営業区間は新橋～上野間。後に東京乗合自動車と社名を改める同社のバスは、

圓太郎バス

その深緑色の車体から市民に「青バス」と呼ばれることになるが、順風満帆とは言い難かったらしい。当時、自動車は交通機関としては新参者で、行政による保護は無きに等しい。ちなみに各府県でばらばらだった自動車取締規則が内務省令「自動車取締令」によって一本化されたのがこの年のことであるが（一月一一日公布、二月一五日施行）、それに基づいて制定された警視庁の細則では、最高でも時速は一四マイル以下、つまり時速二二・五キロを超える速度は出せなかったという有り様だった。これでは持ち前の機動力を発揮することも難しかったであろうと思われる。

だが震災を機として東京市自らバス事業に参入したことは、その後の東京市内の交通を、またその後の日本の交通体系を大きく変えることになった。

震災前には東京市内を五七〇台に及ぶタクシーが走っていたとはいえ、全体として見れば自動車はまだ限られた人が持つものであり、そのほとんどが輸入車でしかも高級車が多かった。

しかし震災後の圓太郎バスの活躍は自動車に対する日本人の認識を改めさせ、また外国メーカーをして市場としての日本の有望性に目を向けさせることになった。

一九二五（大正一四）年二月、横浜で日本フォード自動車が設立され、国内でフォードのノックダウン生産が開始される。こうして日本にも、自動車が本格的に普及する時代が訪れたのである。

昭和　戦前

30 ダットサン

自動車量産への足掛かり

一九一一（明治四四）年、橋本増治郎という名の技術者によって、快進社自働車工場が東京の広尾に設立された。橋本は、輸入自動車の組み立て販売や修理と並行して自動車の研究をおこない、一九一三（大正二）年に一号車を完成、その翌年には東京大正博覧会に出品した「ＤＡＴ」乗用車で銅牌を受賞した。ちなみに「ＤＡＴ」とは、橋本の支援者であった田健次郎、青山禄郎、竹内明太郎という三人の実業家の名前から、その頭文字をとって組み合わせたものである。ＤＡＴは一九二四（大正一三）年一〇月一〇日、「快進社ＤＡＴ型」の名で保護自動車資格検定證書を受けた。この資格検定證書を受けても採算などの面から生産に乗り出さなかった事業者も少なくない中で、快進社は自動車製造事業を続け、東京瓦斯電気工業、石川島に続いて実質的に三番目となる保護自動車メーカーとなった。

しかし、自動車は思うように売れない。売れないという事情は、快進社のみならず、東京瓦斯電

1934（昭和9）年量産開始
全長　2710ミリメートル
全幅　1175ミリメートル
軸距　1880ミリメートル
トレッド　前965ミリメートル　後965ミリメートル
エンジン　水冷直列4気筒747ＣＣ　12馬力

や石川島も同じであった。これは量産技術の欠如もさることながら、外国とりわけアメリカとの資本力の差が桁違いに開いていたことにもよる。この頃の為替レートを一〇〇円＝四〇ドル前後として、アメリカ国内でT型フォードが三〇〇ドルを切っていたのに対して、東京瓦斯電の一トン半積みはシャシーだけで八八〇〇円（三五二〇ドル）、四分の三トン〜一トン積みという規格のDATですらも四八〇〇円（一九二〇ドル）という高額なものであった。フォードの一トン半積みの横浜港渡しの価格を二二〇〇円とする資料もあるが、競争相手がはるばる海を越えて運ばれてきてもこの価格では、国産車は勝負にならない。もちろん、その差を埋めて競争力を持たせるための補助金制度だったが、資本力や技術力の圧倒的なまでの差は、現実には埋め難いものであった。

一九二六（大正一五）年、快進社は解散し、あらためてダット自動車商会が設立された。それにより、自動車の製造を続けつつ、事業の軸足を運輸業に置いたのである。ところが、このダット自動車商会は、間もなく久保田鉄工所に買収されることになる。その後、ダット自動車商会はダット自動車製造へと発展的解消を遂げ、同社で橋本は自動車作りを続けるが、一九三一（昭和六）年に取締役を辞任、ダットの名は久保田の下に残された。

橋本が自動車作りから身を引いた年の秋、ダット自動車製造は、ダットの息子こと「ダットソン」（後、ダットサン）という名の小型自動車を発売した。設計は同社の後藤敬義。この自動車は、無免許で乗れる小型自動車の排気量が、三六〇ccから五〇〇ccに拡大されたことを受けて開発されたものである。同じ年、ダット自動車製造は鮎川義介率いる戸畑鋳物の傘下に入る。その後、ダット自動車製造は一九三三（昭和八）年に石川島と合併して自動車工業（現・いすゞ自動車）となる

ダットサン、セダン型、1937 年 5 月撮影、
写真：毎日新聞社 / アフロ

が、自動車工業にはトラック・バス部門だけが移譲され、ダットサンは戸畑鋳物のもとに残された。鮎川は小型乗用車の生産ラインを横浜に建設し、日産自動車という新しい会社の下で一九三四（昭和九）年から本格的な量産を開始する。

ダットサンは、ダット自動車製造の頃は乗用車だけであったが、一九三四年からトラックもラインナップに加えられた。また、デモンストレーションを兼ねた集団走行や、女性芸能人を使うなど派手な宣伝で人目を惹くという、それまで日本国内では例のなかった宣伝を展開した。価格は安い時で二〇〇〇円を切り、富裕層のみならず、商用で使う余地も広がった。その年間生産台数は、一九三四年の時点で早くも一〇〇〇台を超え、一九三七（昭和一二）年には乗用車だけで三〇〇〇台以上、トラックも含めれば八三五三台に達した。年間数百万台を製造していたアメリカとは比ぶべくもないが、技術力も経済力も乏しかった日本の国情に合致した自動車が、まがりなりにも根付こうとしていたとは言えるであろう。

しかし小型自動車の普及は、ここで一度潰えてしまう。戦争の影が、それ以上の発展を阻んだのである。

31 氷川丸

シアトル航路の主

1930（昭和5）年就航
垂線間長　155.5メートル
全幅　20.1メートル
総トン数　1万1622総トン
出力　1万1000馬力（ディーゼル）

一九三〇（昭和五）年四月二五日、横浜船渠で一万トンクラスの貨客船が竣工した。氷川丸の誕生である。

シアトル航路に投入された貨客船はサンフランシスコ航路に投入された貨客船と比べて「貨主客従」、すなわち貨物輸送に重きを置いていた点に特徴がある。氷川丸もその例にもれず、前年にサンフランシスコ航路用として竣工していた浅間丸が一万六〇〇〇トン級で速力が最高で二〇ノットであったのに対して、氷川丸は最速で約一八ノットと遅かった。その一方で載貨重量は一万トンと、浅間丸の八〇〇〇トンよりも大きかったのである。また大圏コースをとることから、北の荒れた海を乗り切るべく、船体は頑丈に作られた。

同時代の他の客船と比べてスマートとは言い難いが、しかしサービスには定評があった。初代船長秋吉七郎の指導もあり、「軍艦氷川」と呼ばれるほど乗組員の行儀と規律が徹底されたという。

一九三〇年五月二七日、シアトルに初めて姿を現した氷川丸は、市民から大歓迎を受けた。このとき地元ラジオ局は前夜から氷川丸に関する特別放送をおこなったが、その際にローマ字表記の発音ミスから生じた「ハイカワマル」はその後、氷川丸の愛称としてシアトル市民の間に定着することになる。

こうしてシアトル航路には氷川丸と、それから続けて竣工した同型の日枝丸、平安丸が活躍を開始したが、そのおよそ一〇年後の一九四一年に、日本軍の南部仏印進駐を機に日米間の緊張が高まったため、シアトル航路そのものが休止されることになってしまった。

七三航海、計一四六回の太平洋横断を終えた氷川丸は、一九四一（昭和一六）年一一月二一日に海軍期間傭船（いわゆる海軍徴用船）となり、一二月一日より特設病院船としての改装工事が実施された。船内には病院としての設備が設けられ、外観は白い船体に緑の帯、そして赤十字標識を大きくあしらう装いとなった。ちなみに交戦国に船名が通告された病院船は、ジュネーブ条約を遵守して行動する限りにおいて、敵国による捕獲を免れる。軍事上の利用は許されない。

装いを改めた氷川丸は日米開戦から間もなく、一二月二三日に横須賀を出港し、海軍病院船としての行動を開始した。その主な任務は、艦船や基地への医薬品などの補給、傷病兵の輸送及び治療である。時には戦闘で大破した艦船が氷川丸の目前で沈没するということもあった。また本来なら安全である筈の病院船も、彼我問わず錯誤などにより攻撃されることは珍しくなかった。氷川丸も、敷設された機雷への触雷、機銃掃射などを経験している。

アジア・太平洋戦争で日本は多数の船舶を失い、敗戦時には外航用の客船として使用できる船は

氷川丸の試運転、写真：日本郵船歴史博物館

ほとんど残っていなかった。氷川丸とともにシアトル航路を行き来した同型船の日枝丸と平安丸も、戦争で失われてしまったのである。

戦後、氷川丸は病院設備もそのままに、かつての戦場から兵員を引き揚げる復員船として行動することになった。補給もなく痩せ衰えた将兵の中には、故国を前にして息を引き取る者もいた。

氷川丸が病院船の任を解かれたのは一九四七（昭和二二）年一月一一日のことである。船はそのまま貨客船に再改装する工事に入った。

まず内航船として戦後の再スタートを切った氷川丸は、続いて東南アジアからの食糧輸送に充てられ、一九五一（昭和二六）年の定期航路再開時には欧州航路やニューヨーク航路にも姿を見せた。そして一九五三（昭和二八）年には再び大改装を受け、フルブライト留学生の渡航という大任も負ってシアトル航路へと復帰したのである。

一九六〇（昭和三五）年九月一七日、シアトルの人びとからも愛された「ハイカワマル」は、大勢の人に見送られて桟橋を離れて帰国の途についた。この一〇月三日神戸着の航海こそ、日本郵船シアトル航路最後の航海であり、氷川丸にとっても最後の営業航海であった。

32

フォッカー・スーパーユニバーサル

本格的な民間航空の道を拓く

1929（昭和4）年運用開始
全長　11.09メートル
全幅　15.43メートル
自重　約1700キログラム（後期国産型）
全備重量　2700キログラム
最大速度　時速210～250キロメートル（搭載エンジンにより異なる）
巡航速度　170～220キロメートル（搭載エンジンにより異なる）
航続距離　約1000キロメートル
定員　乗員2名　乗客6名

一九二〇年代、日本ではいくつかの民間航空会社が誕生し、小規模ながら持続的な商業航空が開始されるようになった。また本格的なものとは言い難いが、飛行機による郵便物の逓送も開始された。実業界や政府内部に於いても国策として航空事業を進めようという声が挙がり、一九二七（昭和二）年七月二〇日、渋沢栄一を会長とする航空輸送会社設立準備調査委員会の設置が閣議で決定されるにいたった。また航空輸送事業に対する政府補助も決定され、一九二八（昭和三）年一〇月二〇日、「日本航空輸送株式会社」の創立総会が開かれた。この会社こそが日本で最初の国策航空会社であり、また戦前の民間航空で一つの核となったものである。

この日本航空輸送が事業を開始するにあたり、発注された飛行機は合計一一機。そのうち半数が、フォッカー・スーパーユニバーサルという飛行機であった。

第一次世界大戦前からドイツやオランダで飛行機を作り続けてきたアントニー・フォッカーは、一九二三年にアメリカでアトランチック・エアクラフト社を設立した。当初は修理や本国オランダで設計された飛行機の製造をするだけであったが、一九二五年に「ユニバーサル」という名の輸送機を開発した。一九二八年には、ユニバーサルの発展型として、旅客定員を増やし、また、むき出しだった操縦席を密閉式とすることで操縦士の居住性を高めた機体を完成させた。これが、「スーパーユニバーサル」である。

スーパーユニバーサルの構造は、胴体は鋼管を溶接して作られたフレームに羽布張り、そして主翼は厚い翼型を持つ木製モノコック構造というもので、一九二〇年代の飛行機としてオーソドックスなものである。事故などで胴体のフレームが歪んだときは、台木などをあてがって、ハンマーもしくはゴム槌を打つことで矯正することが可能であった。また、台木とハンマーだけでは矯正できないような大きな損傷を受けた時は、定められた手順にしたがって損傷部分の鋼管を切り落とし、新しい鋼管をその箇所に溶接することによって再生することも可能だった。また主としてスプルースが使用された主翼はラバーセメントが塗布された真鍮釘や、また接着剤としてカゼインによって形作られており、損傷部分は合板やカゼイン、真鍮釘などを使用することで補修が可能だった。このように特別な器材を使わずに修理ができるという特徴は、自立した航空産業もなく、また完備された飛行場を持たない当時の日本にとって、まさにうってつけの機体であった。

フォッカー・スーパーユニバーサル

スーパーユニバーサルの輸入は一九二九（昭和四）年四月一日の営業開始には間に合わなかったが、同年七月一五日から旅客営業に投入され、「スーパー」の名で親しまれることになる。また一九三〇（昭和五）年には中島飛行機が本機のライセンスを取得し、日本国内での製造が開始され、日本の民間航空で主力ともいえる地位を獲得する。

一九三一（昭和六）年に勃発した満州事変では日本航空輸送大連支所に配置されていた機体が関東軍に協力し、連絡や患者輸送に使用された。その後、満州国建国にともなって満州航空株式会社が一九三二（昭和七）年に設立されると、スーパーユニバーサルは同社の主力機としても使われるようになった。関東軍の仕事も請け負っていた満州航空は華北や内モンゴルに於ける軍の工作にも従事し、中国側の抗議も無視して業務を続けたため、中国側官憲との間にトラブルを起こしたほどである。

その後、全金属製の新しい飛行機の導入などもあり、日本国内では一九四〇（昭和一五）年頃から使用が制限されるようになったが、満州国では日本の敗戦まで使用され続けたのである。

33 海軍九六式陸上攻撃機

世界に肩を並べた飛行機の光と影

1936（昭和11）年制式採用
全長　16.45メートル
全幅　25.00メートル
自重　4770キログラム
全備重量　7642キログラム
最大速度　時速348キロメートル
動力　三菱「金星」3型空冷複列星型14気筒790馬力
（諸元は11型を示す）

一九三九（昭和一四）年一〇月二〇日、東京の羽田飛行場に一機の飛行機が着陸した。大毎東日（現・毎日新聞）の「ニッポン」号である。「ニッポン」は八月二六日に羽田を出発し、札幌からノームを経て北米から南米に達し、大西洋を横断してローマから中東、東南アジアなどの各地域を歴訪するという、全航程五万二八六〇キロメートルを終えて戻ってきたのである。「ニッポン」号に使われた飛行機の名を、三菱式双発型輸送機という。この飛行機はその長大な航続距離を生かして、四月には大日本航空の所有機がイラン皇太子成婚を祝う形で東京〜テヘラン間を往復しており、また翌年には東京〜ローマ間の親善飛行もおこなった。

ところでこの飛行機には、基となる飛行機があった。海軍の九六式陸上攻撃機である。九六式陸上攻撃機の武装を廃止し、また燃料タンクを増設することでさらに航続距離を伸ばし、胴体中央部を旅客キャビンとして小さいながらも窓を設けたのが三菱式双発型輸送機だったのである。

一九三三（昭和八）年、海軍は三菱に対して、高速長距離偵察機の設計指示をおこなった。これを八試特殊偵察機（八試特偵と略される）という。研究機としての色合いが濃かった同機は翌年四月に完成する。流線形の細い胴体、全金属セミモノコック、そして日本で最初の引込み脚の採用など、それまで欧米に比して遅れていた感のある日本機とは一線を画した機体は高性能を発揮し、操縦性や安定性も良かった。

そして八試特偵が完成する二か月前、海軍は同機を実用機として大成させるべく、三菱に対して九試中型攻撃機（九試中攻）としての試作を指示した。一九三五（昭和一〇）年に一号機が完成した九試中攻は、エンジンやプロペラ、乗員の座席配置などをそれぞれ異にする機体が二一号機まで作られ、得失が比較された上で一九三六（昭和一一）年に九六式陸上攻撃機として採用が決まったのである。

九六式陸上攻撃機の初陣は、盧溝橋事件の翌月、第二次上海事変が始まって間もない一九三七（昭和一二）年八月一四日、台湾の台北を発進した鹿屋航空隊による杭州および広徳の飛行場爆撃であった。続いて一五日には、九州の大村に進出していた木更津航空隊が南京を空襲する。これは、日本政府と軍中央がまだ不拡大方針をとっていた最中の首都爆撃だった。以来、日本海軍は本機によってしばしば南京を空襲するようになる。その後、陸軍は一一月五日に上海方面の戦局を打開すべく三個師団からなる第一〇軍を杭州湾に上陸させるが、その直後に参謀本部は、日中両国の全面衝突という様相を呈してもなお蘇州と嘉興を結ぶ線を制令線としてそれより西への進撃を禁じている。つまり日本海軍は、陸軍の南京進撃が本格化するよりもはるかに早く、しかも政府が不拡大方針を取っていた最中に、限定された戦域を遠く超えた首都への攻撃を開始したのだった。そして、その役割を担ったのが、他ならぬこの九六式陸上攻撃機だったのである。

九六式陸上攻撃機を用いての度重なる南京空襲は新聞やニュース映画などのメディアを通じて世界に知れわたり、各国から非難や抗議を受けることになった。だが日本海軍はこうした非難に耳を傾けることなく、中国の国民政府が重慶に移ると、今度は重慶に対して、そこが霧に覆われる冬を除いて継続的な空襲を実施する。

一九三九年に同じ飛行機が、一方で親善を目的に世界一周飛行をしている間、もう片方では中国の都市住民を空襲の恐怖と危険にさらしていたのである。

海軍機・九六式陸上攻撃機、1938年撮影、写真：毎日新聞社 / アフロ

34

特別急行列車　あじあ

南満州鉄道の看板列車

1934（昭和九）年運転開始
パシナの諸元
全長　25.7メートル
最大高×幅　480×320.2センチメートル
最大実馬力　2400馬力
火格子面積　6.25平方メートル
動輪直径　2000ミリメートル
シリンダー内径×行程　610×710ミリメートル
軸配置　2C1

南満州鉄道――満鉄は、日露戦争後にポーツマス条約によってロシアから鉄道とその沿線の権益を引き継いだ国策会社である。

満鉄は、創業後に軌間を三フィート六インチ（一〇六七ミリ）から四フィート八インチ半（一四三五ミリ）に変更して以来（日本軍は、日露戦争中に国内から持ち込んだ車両を走らせるため、ロシアが建設した五フィート・一五二四ミリを三フィート六インチに改軌《かいき》していた）、技術的基盤はアメリカ流であり、また規格も大きく、日本国内とは一線を画す大きい車両を運用していた。

大連と長春を結ぶ急行列車は、一九〇八（明治四一）年に二四時間二〇分かかっていたのが、一九二七（昭和二）年には一二時間一〇分にまで短縮され、一九三三（昭和八）年には一〇時間三〇分となっていた。その間に満鉄は、車両の設計や製造ならびに修繕の経験を積み、技術的に大きく成長すると同時に、テイラーシステムなどの導入によって工場の作業能率を向上させていた。

満州国建国後、経営する路線と輸送量が増えた満鉄では大規模な車両増備が計画され、その中に超特急の大連〜新京間一日一往復が含まれていた。すでに満鉄では高速化に向けた研究がおこなわれており、一九三二（昭和七）年には前頭部を流線形に改造したパシシ形機関車によって、時速九〇キロメートルで空気抵抗が二四・六％減少するという結果を得ていた（ただし、この結果を過大だとする研究者もいる）。また一九三三年には、七月五日から翌日にかけて大連〜新京間でパシコ形機関車を含む八両編成で最高時速一一〇キロメートルという高速運転の試験が実施され、「流線形でなければ絶対不可」「塵芥中を走るので客車の密閉化およびそれにともなう空調設備が必要」「機関車は平軸受けではなくベアリングの採用を要する」という結論を出していた。

超特急の建造が決定されたのは、一九三三年

疾走するあじあ、写真『満鉄特急「あじあ」の誕生　開発前夜から終焉までの全貌』（天野博之著、原書房）より

八月の末であった。この時点で、翌年の運転開始まで一三か月という短期間である。鉄道部工作課機関車係主任の吉野信《のぶ》太郎《たろう》（一八九六〜一九四六）は、この列車を牽引するパシナ形機関車の設計にあたり、かつて自身が手掛けた急行用のパシコ形（一九二七年）をベースに、その拡大版ともいうべき内容として手堅くまとめた。火室面積は手焚きではカバーできない規模となり、動力給炭機が設けられた。一方、動輪の軸受のベアリング採用は見送られている。形状も当初は一般的な機関車として設計が進められていたが、七割ほど進捗した時点で急遽、流線形とすることになった。また満鉄の機関車は鐘を装備していたが、パシナは鐘に代えてエアホーンを装備した。パシナ形の運転整備重量は二〇〇トンを超え、軸

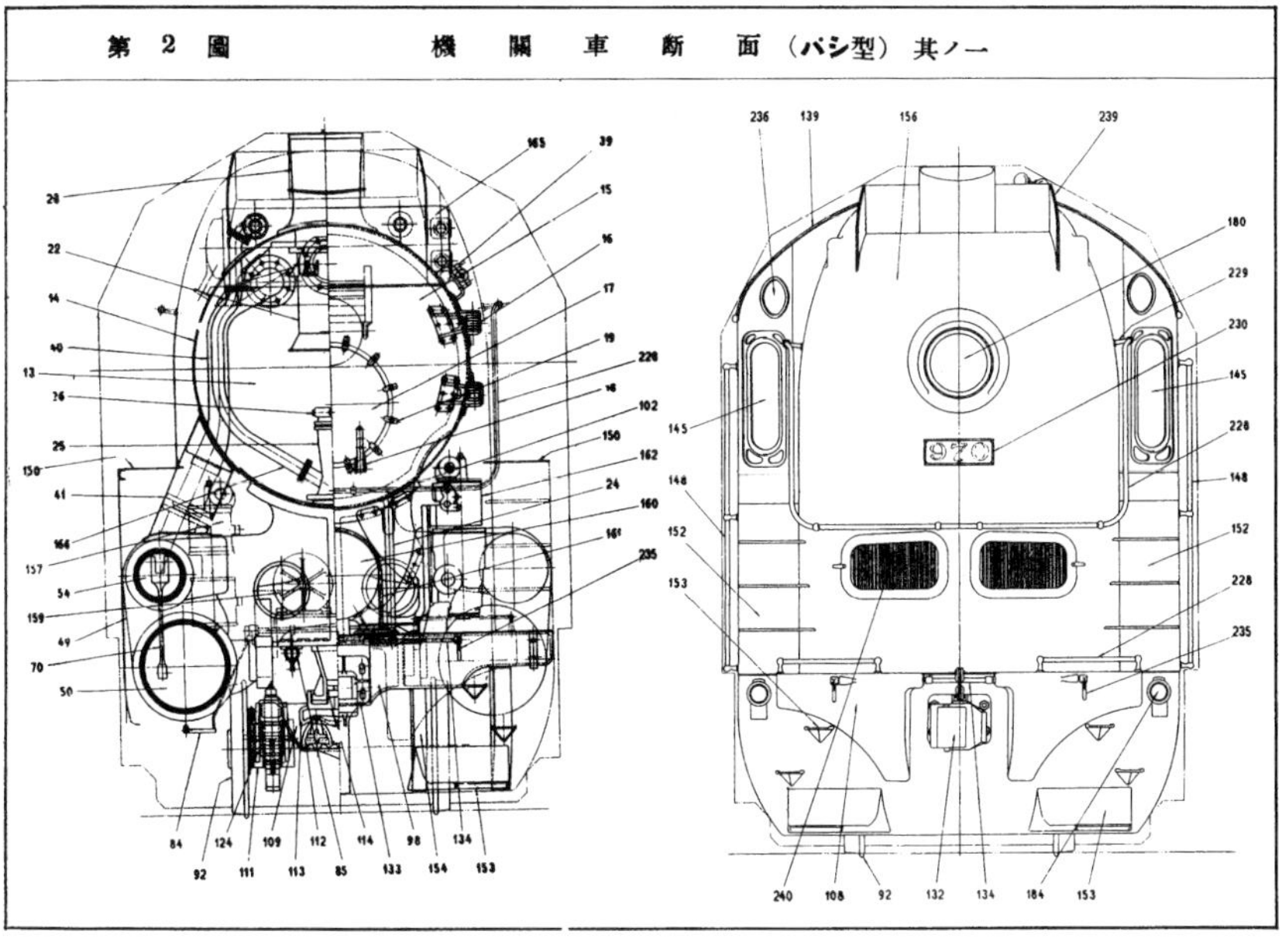

パシナ正面図（「満鉄鉄道総局工作局『車輛標準用語集　機関車編』昭和16年。満鉄会所蔵）、図版　前掲書より

重も二三・九四トンと、走行区間である連京線の規格にぎりぎりの値となった。これは当時の日本国内では実現不可能と言えるもので、中国大陸を舞台とした国策会社であってこそ実現したものということができるだろう。

客車も、超特急用の専用車両が設計、製造された。特筆すべきは列車の全車両に空調装置を取り付けたことである。鉄道車両の空調装置は一九三〇年代を通して気候の変化が激しいアメリカ合衆国で普及していったが、窓を閉め切ったままでの運転を考えた場合、快適な車内環境を保つためには欠かせない装置であった。

満鉄の超特急は、一九三四（昭和九）年一一月一日より運転を開始した。公募により決定された愛称は「あじあ」。短期間で準備されたため当初は遅延や故障が相次いだが、名実ともに満鉄の看板列車となり、また観光列車として欧米客誘致にも活用された。大連～新京間を八時間三〇分で結び、平均時速八二・五キロ、最高時速一一〇キロという、ドイツやアメリカの著名な列車にようやく肩を並べる高速列車は当時の日本国内ではおよそ実現不可能で、中国大陸を舞台とする国策会社であってこそなし得たのである。

「あじあ」はまたたく間にその名を知られることになり、日本国内でも、一九三三年以降に使用された第四期国定国語読本『小学国語読本』の巻一〇（第五学年用）に、満州国理解の教材として「「あじあ」に乗りて」という一文が掲載されるほどであった。

その後「あじあ」は、一九三五（昭和一〇）年九月一〇日には運転区間をハルビンに延長した。しかし、一九三七年に始まった日中戦争のため、満鉄も軍事輸送や占領地の鉄道運営など影響を受けることになった。ダイヤはその重点を旅客列車よりも速度の遅い貨物輸送に置くようになり、旅客列車はその速度も本数も貨物列車運転の影響を大きく受けることになったのである。これは「あじあ」も例外ではなかった。

一九四三（昭和一八）年二月二八日、「あじあ」は運転を休止し、パシナ形機関車は急行「はと」や普通列車の牽引に転用された。そして敗戦による満鉄の解体後、残された機関車と客車は新生中国に引き継がれ、使用され続けたのである。

35

海軍三菱九試単座戦闘機

欧米に追い付いた自立の翼

1936（昭和11）年11月制式採用
全長　7.67メートル
全幅　11.00メートル
主翼面積　16.0平方メートル
全備重量　1373キログラム
最大速度　時速450.9キロメートル
武装　7.7ミリ機銃2挺
動力　中島「寿」5型空冷星型9気筒600馬力

一九三四（昭和九）年二月、海軍は三菱と中島に対して、「九試単座戦闘機」の試作を命じた。これは競争試作であり、海軍の要求するところを満たせば、基本的にはどちらか一方が制式となる。この時期の日本は、陸海軍共に、航空技術に関して欧米依存からの脱却を目指していた。それまでの、欧米からの技術導入や技術者の招聘による航空機開発から、自力による開発製造を指向し始めたのである。海軍において最初になされたその試みは一九三二（昭和七）年度の七試から始まったが、このとき三菱は七試艦上戦闘機の試作に堀越二郎（一九〇三〜一九八二）を主務者として応じた。三菱は、まだ複葉機が主流だった中において、国産最初の低翼単葉片持翼で、かつ全金属製の応力外皮構造という野心作を作り上げるが、操縦性が悪く、艦上機として不適ということで、墜落した二機だけの試作で終わってしまっていた。

七試の失敗から二年後、九試単戦の設計に、三菱は再び堀越二郎を起用する。堀越は七試の経験を踏まえて再び低翼単葉片持翼の全金属機に挑戦する。この二年の間に三菱の技術者は、八試特偵などの設計製作経験によって薄く強度のある金属翼の技術をマスターしていた。その技術を生かして、外部に支えを持たない、翼の内部構造のみで強度を保つ、しかも薄い主翼を作り出すことができたのである。

また九試単戦では、飛行機の組み立てに使うリベットに沈頭鋲を使用した。これは機体表面に丸い頭が露出しないリベットで、機体表面を平滑にすることによって空気抵抗を減らし、ひいては速度を向上させる効果があった。

また、日本の主だった飛行機メーカーは自社製のエンジンを使うことが多かったが、当時の三菱に堀越が設計するこの飛行機に見合ったエンジンがなかったことから、あえてライバル社である中島のエンジンを採用した。

九試単座戦闘機の試作一号機は、一九三五（昭和一〇）年一月に完成した。最大速度は、海軍の要求値が時速三五二キロであるのに対し、時速四五一キロを記録して関係者を驚かせた。

当時、三菱が作った飛行機は、陸軍の各務原飛行場でテストをおこなっていた。九試単座戦闘機も例外ではない。この飛行場で、九試単座戦闘機の飛行ぶりを目で追っていた陸軍軍人の中に藤田雄蔵大尉（一八九八〜一九三九）がいた。彼は三菱の関係者に「戦闘機よりも速い複座機ができないか」と声をかけた。航続距離は長く、そして写真機だけ載せられれば武装は要らない。これが同

海軍三菱九試単座戦闘機、「九六式艦上戦闘機」として制式採用される。
写真：近現代 PL アフロ

年七月に試作指示が出されることになる、世界最初の戦略偵察機と言われる陸軍キ15（後の九七式司令部偵察機）である。このキ15は、見た目の形こそ異なるが、基本的には九試単座戦闘機の構造や経験を踏まえて設計された。

しかし、機体こそ航空先進国にどうやら追い付いたものの、肝心のエンジンは技術的に自立できたとは言い難い。九試単座戦闘機のエンジン「寿」は、元はといえばイギリスのブリストル社から製造権を買った「ジュピター」を基に洗練させたものであり、キ15の「ハ-8Ⅱ」（海軍名称「光」）に至っては、アメリカのライト社が作った「サイクロン」丸写しという状態だった。

一九三六（昭和一一）年一一月、九試単座戦闘機は「九六式艦上戦闘機」として制式採用となった。その翌年五月には、陸軍のキ15も「九七式司令部偵察機」として制式採用となる。

なおキ15の一機は朝日新聞社の「神風号」となり、一九三七（昭和一二）年四月六日に東京（立川）を飛び立ち、所要九四時間一七分五六秒で一〇日にロンドン着という都市間連絡飛行の新記録を打ち立てている。

しかしながら、こうした高性能機の登場は、軍事冒険主義とでもいうべき風潮に物理的な力を与えてしまうことになる。日中戦争が勃発するとこの両機は戦場に送られ、日本軍の重要な戦力となって侵略戦争に大きく寄与することになった。

36

国鉄D51形蒸気機関車

数こそ力の量産機

1936（昭和11）年
全長　1万9730ミリメートル
全高　3980ミリメートル
火格子面積3.27平方メートル
動輪直径1400ミリメートル
シリンダー内径×行程　550×660ミリメートル
軸配置　1D1

D50形、という蒸気機関車があった。貨物輸送量の増大を背景に、9600形を上回る性能を目指して計画され、一九二三（大正一二）年より製造が開始されたものである。しかし昭和恐慌の影響による貨物輸送量の減少を受けて、一九三一（昭和六）年に総計三八〇両をもって製造が打ち切られた。

その後、落ち込んだ国鉄の輸送量は満州事変を機に回復傾向へと移行し、ふたたび強力な貨物用蒸気機関車を求める声が出てきた。その結果、一九三六（昭和一一）年に製造が開始されたのが、D51形蒸気機関車である。

D50は、保線側から大きすぎるという声が挙がっていた。当然ながら大きさや重量はさまざまな規程内に収まるように設計されていたが、当時の国鉄において施設の貧しさは、それ自体を改良するのではなく、車両設計にしわ寄せされる傾向があった。そのためD51では、動軸重がD50形よりもやや軽くなるよう設計された。

見た目にも判る最も大きな特徴としては、煙突から給水温メ器（ボイラーに入る水を予熱する装置）、砂箱、蒸気ダメに至るまで一体にしたケーシングである。だがこれは、後で述べるように九五両で終わってしまった。

また、溶接工法を広範囲に取り入れたことと、動輪にボックス輪芯を採用したことも特徴として挙げられよう。後者はアメリカに倣ったものであるが、前年にサザン・パシフィック鉄道で採用されたばかりのものであった。Ｄ51での採用を機に、その後の国鉄制式蒸気機関車はボックス輪芯を使うことになるが、レンコンを輪切りにしたようなその外観は、それまでの光芒型スポーク輪芯を見慣れた目には奇異に映ったらしく、「たいこ焼」というニックネームが生まれたといわれる。

さて、見た目の新しさ、近代味とは裏腹に、機構面は旧態依然としたものであった。たとえばボイラーの基本的構造は先代のＤ50と変わるところがなく、わずかに圧力を一二・七kg／㎠から一四kg／㎠へと上げたくらいである。また、完成車両を実際に配属してみると、重心が後寄りになる傾向があり、動輪にかかる重量の不足と相まって空転することもあり、古いＤ50を望む声が出るほどだった。そこで早くも一九三七年のうちに改設計がおこなわれ、動軸重の増大が図られた。外観上の際立った変更点としては、給水温メ器が煙突の前方に移動されたことで、特徴的だった煙突から蒸気ダメまでのケーシングが廃止されたが、それにより、Ｄ51として知られる一般的な姿が誕生した。この新しいＤ51は一九三七（昭和一二）年の末に竣工するが、折しも日中戦争が始まったことから貨物輸送ならびに軍事輸送の増大に対応すべく量産に拍車がかけられ、一九四五（昭和二〇）

国鉄D 51 形蒸気機関車、写真：鉄道博物館

年までに一一一五両が作られた。これは蒸気機関車の一形式あたりの両数として日本最多である。また国鉄向けとは別に、当時植民地であった台湾向けとして三二両が製造されている。戦後は、ソ連領となったサハリンに三〇両が輸出された。

前述したように登場当初こそ忌避されることがあったものの、構造に取り立てて難しいところは無く、また数の多さから全国（四国は一部にとどまった）にあまねく行き渡り、最もよく見られる、オーソドックスな機関車となった。

なお、戦時中に厳しく制限されていた旅客輸送が敗戦によって息を吹き返した時、旅客用機関車の増備が必要となったにもかかわらず、インフレやボイラー用鋼板の入手難が重なり、新製が困難となる事態が起きた。この時に、D51三三両が改造名義でC61形へと姿を変えた。C61はC57形と同等運用が考えられたものと思われるが、大型ボイラーのため効率が良く、また蒸気発生量に余裕が生じるという好結果をもたらした。

37

日産モデル80型

外国メーカーの設計を買い取って作られたトラック

1937（昭和12）年3月生産開始
全長　4750ミリメートル
全幅　1905ミリメートル
軸距　2641ミリメートル
トレッド　前1664ミリメートル、後1651ミリメートル
エンジン　水冷直列6気筒3670cc、85馬力

一九三一（昭和六）年に関東軍が引き起こした満州事変と、それに続く満州国建国は、日本の自動車史に大きな影響を及ぼした事件でもあった。一九三三（昭和八）年、満州国と中国との緩衝地帯とすべく、日本軍は熱河省への侵攻作戦を開始する。そこは華北に対する進出の足掛かりとなる地域であり、また、そこで栽培されていたアヘンは、建国から間もない満州国にとって、経済的利益につながるものでもあった。

この作戦では関東軍自動車隊が兵站や第一線でフルに活用されたが、なかでも川原侃少将率いる第一六旅団は「川原挺身隊」の名で知られる自動車化部隊を編成し、熱河省東部の朝陽を三月一日に出発、冬の山道二〇〇キロを走破して三月四日には省都承徳を占領するという機動戦を展開し、自動車の軍事的威力をまざまざと見せつけたのである。だがこの時、もっとも力を発揮したのは、質量ともにアメリカ車であった。戦争の際に、外国車を頼みとせざるを得ないという現実が露呈し

てしまったのである。

この年、関東軍は自動車産業の確立を目指して日満自動車会社を満州国内に設立することを目論んだが、これは実現には至らなかった。

だがその間に、日産自動車の横浜工場で、ダットサンの生産が始まっていた。そこでは、手作りに近いそれまでのやり方とは一線を画し、輸入中古機械が多かったとはいえアメリカ人技術者の指導の下に量産ラインが構築されて、本格的な量産にかかわる技術と経験の習得が目指されていた。そして一九三五(昭和一〇)年、日産の鮎川義介は製造設備一式ならびに既存の自動車の設計製造技術の買い付けを目的に二人の役員を欧米に派遣、提携先を探すことになる。そこで資金調達に苦しんでいたグラハム・ページ社に出会い、同社の遊休工場設備ならびに生産できなかった設計を買い取ることになった。契約調印は一九三六(昭和一一)年四月。

その間に政府の間では、自動車国産に向けた新たな枠組みが設けられようとしていた。事業の許可制と、外国資本への掣肘である。一九三六年五月、自動車製造事業法が成立し、同年九月に、まず豊田自動織機と日産自動車の二社が許可会社として認められたのである。これは国防を口実に自動車産業を育成するものであったが、同時に、政府に介入の権限を与えるものでもあった。

一九三七(昭和一二)年三月、グラハム・ページ社が設計した自動車が、日産車としてその生産が開始された。乗用車は70型、トラックは80型、そしてバスは90型という。そのうち政府と軍が最も必要としていたのは、トラックであった。

フォードやシボレーよりもかなり小さいダットサンの製造経験しか持たなかった企業が、資金繰

日産モデル80型トラック、写真：日本自動車工業会

りに苦しんでいた海外の企業から技術を買い取ることによって、普通乗用車、トラックおよびバスの量産に乗り出したわけである。

80型のもっとも際立っていた特徴は、セミ・キャブオーバーというエンジン配置である。当時、自動車といえばエンジンルーム（ボンネット）が運転台の前に突き出た形がオーソドックスだったが、全長が同じ場合、エンジンルームの後半分に運転台が被さるように配置すれば、より荷台を長くとることが可能となる。しかし、折しも始まった日中戦争の戦場に、アメリカの舗装道路を走ることを前提に設計され、しかも完成後の試験もおこなわれていないトラックを投入するや、たちまち欠点が露呈した。運転台がエンジンルームに被さっている配置のため日常点検や整備に不便であり、また重心が前寄りとなるために、悪路で前輪が陥没すると後輪が空転して差動ギヤが焼き付く、フレームの一部が下に湾曲しているために前輪陥没時の引き出しが困難、前車軸バネの折損多発……。自動車先進国から製造設備ごと買った技術ではあったが、技術的基盤のない国や企業がそのまま作っただけでは　使用成績の甚だ悪い製品が生み出されるだけだった。そして日産は、この80型トラックの欠陥を克服するところから自動車メーカーとしての技術を積み上げることになったのである。

38

川西式四発型飛行艇

南海に開いた槿花《きんか》一朝の夢

1938（昭和13）年制式採用
全幅　40.00メートル
全長　24.90メートル
主翼面積　170.00平方メートル
自重　1万2025キログラム
動力　三菱「金星」43型空冷星型複列14気筒900馬力
巡航速度　時速241キロメートル
最大速度　時速333キロメートル
乗員　8名
乗客　18～20名

一九三〇年代前半、日本海軍の大型飛行艇開発は行き詰まりに近い状態に陥っていた。広海軍工廠《ひろかいぐんこうしょう》が設計した単葉の九〇式一号飛行艇は方向安定性や操舵に難があり、度重なる改修を受けたが試作機のみで終了。続く九一式飛行艇もまた水上滑走時の安定性や操縦性に難を抱えて改修に時間を費やし、四七機が作られたものの、成功作とは決して言い難かった。そこで海軍は川西に対して試作命令を出し、川西側はこれに応えて模型による風洞実験や水槽実験を用いた研究や計算をおこなったが、さらに海軍は一九三四（昭和九）年に九試大型飛行艇の試作指示を川西に対しておこなった。

このとき海軍は、時速二二二キロメートルという巡航速度、四六三〇キロメートル以上の航続距離を川西に求めた。川西は実験研究の成果を取り入れてこれに応え、一九三六（昭和一一）年に一号機を完成、初飛行へと漕ぎつけた。九試大型飛行艇は大きな問題もなく、審査を経て、一九三八

（昭和一三）年に九七式飛行艇として海軍の制式兵器となった。

九七式飛行艇の主任務は哨戒や索敵だが、その収容力と航続距離の長さから、輸送機型も作られた。この輸送機型のうち、民間機として使用された機体が「川西式四発型飛行艇」である。ちなみにこの名前にある四発型とは、エンジンを四発積んでいるところから来ている。

さて、日本は第一次世界大戦で連合国側に付いた結果、ドイツ領だったミクロネシアの赤道以北を委任統治することになった。そして一九三〇年代に入ると、ミクロネシアすなわち南洋群島は、軍事的には対米戦に備え、また経済的には糖業や燐鉱、漁業の発展により重要な地域となっていた。しかし内地との連絡は船舶による他なく、時間の非常にかかることが問題となっていた。そこで航空機の発達にかんがみ、飛行艇で内地と南洋群島の要所を結ぼうという考えが出てきたのである。

一九三五（昭和一〇）年、南洋群島統治をつかさどる南洋庁に、航空業務にたずさわる航空官という役職が設けられる。以来、飛行艇による内地～南洋群島間の試験飛行が繰り返され、一九三八（昭和一三）年一二月には国策航空会社である大日本航空（現在の日本航空とは無関係）に海洋部南洋課が設置されたことで、内地と南洋群島を結ぶ定期航空路の開設が本格化した。なお乗員の養成は飛行艇専門部隊として一九三六年に開隊した横浜海軍航空隊によっておこなわれているが、定期航空路開設後もしばらくは、同航空隊に居候するような形で業務がおこなわれた。

一九三九（昭和一四）年四月四日、サイパン経由パラオ行の第一便が横浜を飛び立った。横浜～サイパン間の飛行時間は一〇時間、サイパンで一泊した後、パラオまでは六時間で飛行している。なお第一便には旅客の登場はおこなわれず、貨物と郵便のみの輸送であった。旅客営業は翌年三月

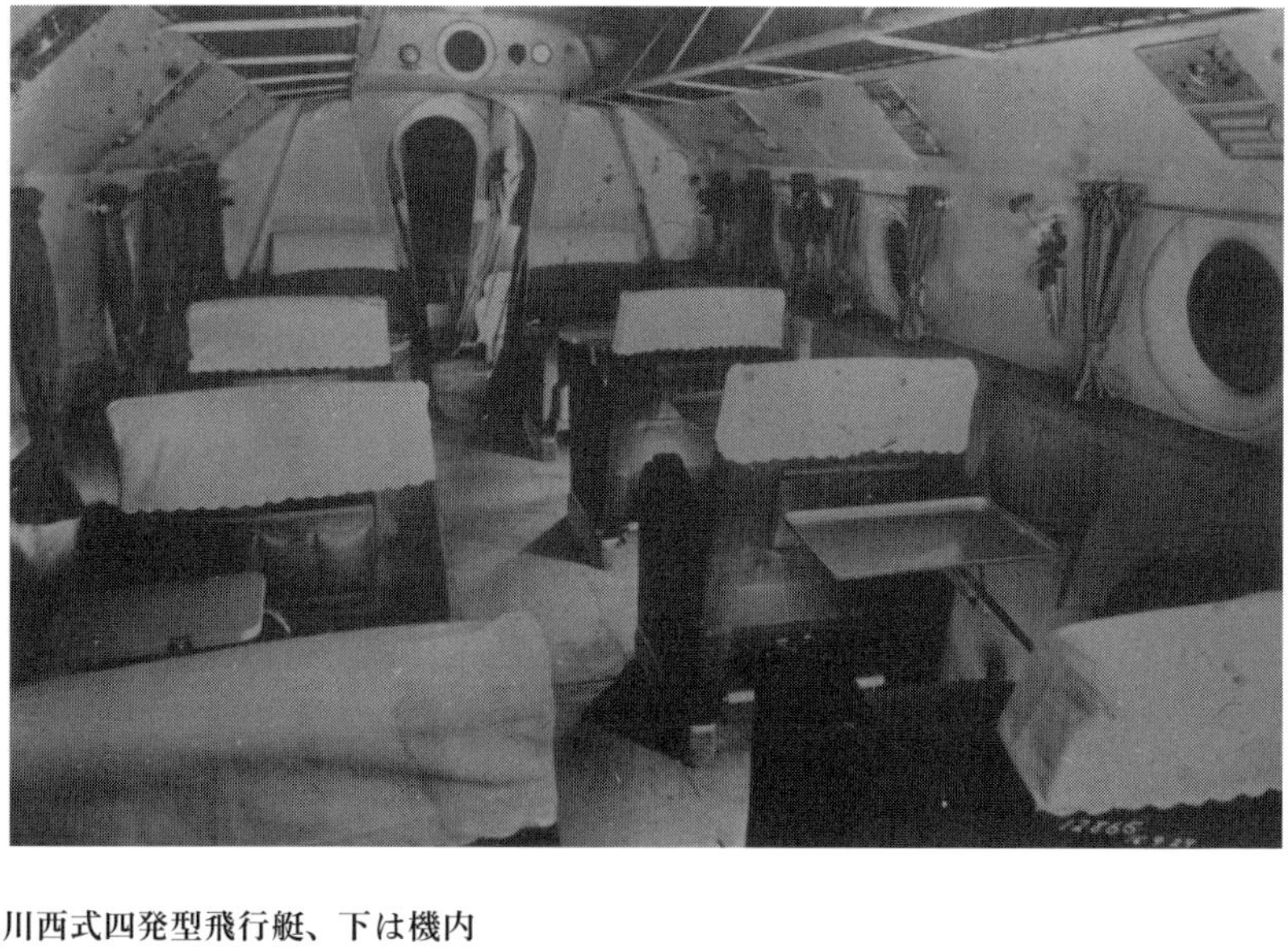

川西式四発型飛行艇、下は機内
写真：日本航空協会

六日に開始されている。

空路は後に、ヤップ、ポナペ、ヤルートへと延ばされ、また一九四一（昭和一六）年一一月二二日にはパラオからポルトガル領ティモール島クーパンへの定期第一便が飛行した。しかしその直後に太平洋戦争が勃発し、南洋群島の航空路は飛行艇と乗員ともども海軍の指揮下に入り、事実上、海軍の定期航空路として活動することになる。

戦局が有利に展開しているうちは、占領区域の拡大もあって赤道以南のニューギニアやソロモン方面まで空路を延ばしたが、米軍の反抗が始まると飛行中に消息を絶つものも出始めた。そして一九四四（昭和一九）年七月のサイパン島陥落により、ミクロネシア方面の航空路は途絶し、開設から四年三か月で、南洋定期航空路は終焉を迎えたのである。

39

海軍三菱零式艦上戦闘機

日本の代表的戦闘機

1940（昭和15）年運用開始
全長　9.5メートル
全幅 12.0メートル
主翼面積 22.44平方メートル
全備重量　2410キログラム
最大速度　時速533.4キロメートル
武装　20ミリ機銃2挺　7・7ミリ機銃2挺
動力　中島「栄」12型空冷星型14気筒940馬力(離昇出力)
(諸元は21型を示す)

三菱零式艦上戦闘機、略して零戦、あるいは俗にゼロ戦とも通称される飛行機は、第二次世界大戦で日本軍が用いた軍用機の中で、おそらく最も知られている存在であると思われる。ゼロ戦は、マンガや映画の中で、戦争中の日本軍用機を象徴する存在として、さまざまな形で登場してきた。事実、各タイプを合わせて約一万四〇〇機という生産数は日本の飛行機として空前絶後の記録であり、これは二位の陸軍一式戦闘機「隼」の五七〇〇機を大きく引き離している。その意味では確かに日本を代表する戦闘機であったということができるだろう。

しかしこの生産機数の背景には、零戦に取って代わる後継戦闘機が敗戦まで現れなかったという事情があった。これは、陸軍がまがりなりにも次第に性能を向上させた、あるいは特徴ある戦闘機を数種類登場させたことと対照的である。

零戦は、試作機としての名称を十二試艦上戦闘機という。この名が示す通り、計画要求書がメーカーに提示されたのは一九三七（昭和一二）年の五月である。

計画時に考えられた零戦の性格は、次のようなものであった。目的は、敵攻撃機の阻止ないし撃退と、敵観測機の掃蕩。これは言うまでもなく、来襲する攻撃機（爆撃機も含む）を食い止め、また、艦隊同士が砲戦をおこなう際に弾着を観測する敵観測機を撃ち払うということである。つまり零戦は、艦隊上空を防空する戦闘機として考えられたものであった。そして日を追うごとに爆撃機が高速化する中にあって、最大速度は時速五〇〇キロメートル以上が求められた。また、滞空時間は巡航速度で六時間以上が要求されたが、これは数時間に及ぶ主力艦同士の艦隊決戦を上空からカバーするものとして考えられたのであろう。口径が二〇ミリという大型の機関銃を搭載したのも、敵の攻撃機を迅速に撃墜するためである。

だが、計画がメーカーに提示された二か月後に、国際情勢が大きく動く。盧溝橋事件をきっかけとして日中戦争が勃発し、海軍も揚子江流域で自ら戦闘の深みにはまっていったのである。

海軍は、政府および陸軍が南京攻略を意図しないうちから、戦略爆撃を開始していた。しかし護衛の無い爆撃は、中国軍の迎撃で大きな被害を受けていた。一九四〇（昭和一五）年に登場した零戦は、その滞空時間の長さから、重慶など中国の奥地を爆撃する攻撃機の護衛に使用されたのである。零戦はここで、砲戦をおこなう艦隊の防空という当初考えられていた使用目的から、長距離侵攻をおこなう戦闘機へと、その性格を変えたことになる。そして一九四一年一二月八日に始まった

零式艦上戦闘機、写真：近現代 PL アフロ

太平洋戦争では、航空母艦を中心とした機動部隊によるハワイ空襲や、台湾を基地としてフィリピンを攻撃するなど、零戦は開戦の当日から長駆侵攻に活用され続けた。

しかし零戦は、一〇〇〇馬力級のエンジンで先述したような要求性能を満たそうとしたため、防弾に意を注げない、撃たれ弱さを持った戦闘機となってしまっていた。緒戦の量的優位を保っていた時期はさほど問題とならなかったこの欠陥は、質的にも量的にも守勢に立たされる大戦中期以降になると、無視できない問題となった。また、零戦の長い滞空時間に頼った作戦行動は、操縦者に、精神的にも肉体的にも大きな負担を与えることにもなった。

日本海軍は、太平洋戦争の開戦前から、高出力のエンジンを利用した、より高性能の戦闘機を開発しようとした。しかし技術的問題からその実現は大きく遅れ、後継機が満足に登場しないまま、零戦は戦争を通じて海軍戦闘機の主役の座にあり続けた。大戦末期に開始された特攻という名の自殺攻撃もまた、零戦によって始められたのである。

40 弾丸列車

幻と消えた戦前の「新幹線」構想

1940（昭和15）年建設基準制定
ＨＣ51形諸元（計画）
軸配置　2Ｃ2
機関車重量　160.0トン
炭水車重量　117.0トン
動輪上重量　84.0トン
平均軸重　28.0トン
全長　2万7725mm
動輪径　2300mm
罐圧　20キログラム毎立方センチメートル
シリンダー径×行程　570×770ミリメートル　3シリンダー
火格子面積　8.0平方メートル全伝熱面積　560平方メートル
シリンダー最大牽引力　25.2トン

一九四〇（昭和一五）年、東京〜下関間に高速列車用の鉄道線路を建設する事が決定された。予算は議会の承認を得、一四三五ミリ軌間の新線を東京〜下関間に建設する事業がスタートした。いわゆる「弾丸列車計画」である。

この計画は、東海道本線ならびに山陽本線の輸送量増大という事態を受けて策定された。その背景には、一九三一（昭和六）年の満州事変勃発と、その翌年の満州国建国にともなう輸送量の増大があった。

当時、日本と中国東北部（満州）との往来は主として次の二つのルートがあった。一つは船で関東州の大連に向かい、そこから南満州鉄道で北上するルートであり、もう一つは下関から関釜連絡船で釜山に向かい、そこから鉄道で朝鮮半島を北上して国境を越えるルートである。この二つのルートを比較すると、所要時間で有利なのは関釜連絡船を利用して朝鮮半島を北上するルートであった。

そのため、満州国建国という権益拡大がもたらした経済活動の拡大によって、中継地点である下関に向かう東海道本線ならびに山陽本線の輸送が輻輳してきたのである。その状況は、一九三七（昭和一二）年の日中戦争勃発以降はさらに顕著となった。

こうした状況を乗客数の比較によって見ると、山陽本線から外地（朝鮮・満州・中国）へと渡った旅行客の数は、一九三二（昭和七）年度の一九・六万人に対して一九三九（昭和一四）年度には六七・〇万人と三・四倍にも膨れ上がっていたのである。また貨物輸送は、同じ年度の比較で外地向けは三・五倍に増加しているが、外地からの貨物輸送量は八・三倍と著しい伸びを見せていた。これはまさしく資源収奪という一面を示すものに他ならないが、こうした状況から、東海道・山陽の両本線の輸送がパンクすることが危ぶまれた。その隘路を打開するものとして考えられたのが、標準軌による、踏切が一つもない高速列車専用線路の新設であり、しかもそれは外地との連絡を前提として全体構想が練られた。言い換えればこの弾丸列車構想は、帝国主義的膨張の副産物であったわけである。

しかし事業がスタートしたとは言っても、建設規格が定まっていたわけではない。狭軌で建設された日本の鉄道を標準軌に改築しようとする「広軌改築」が明治時代からしばしば取りざたされ研究もおこなわれたが、弾丸列車構想は在来線とは別個に高速列車専用の線路を敷設するという点で「広軌改築」とはまったく異なるものであり、既存の研究成果をそのまま持ってくるわけにはいかなかった。線路の間隔を決定するのに実物大の模型を用いた研究もおこなわれたが、これは営業線上における列車同士のすれ違いだけではなく、車庫でおこなわれる検査や修繕のためにも重要なこ

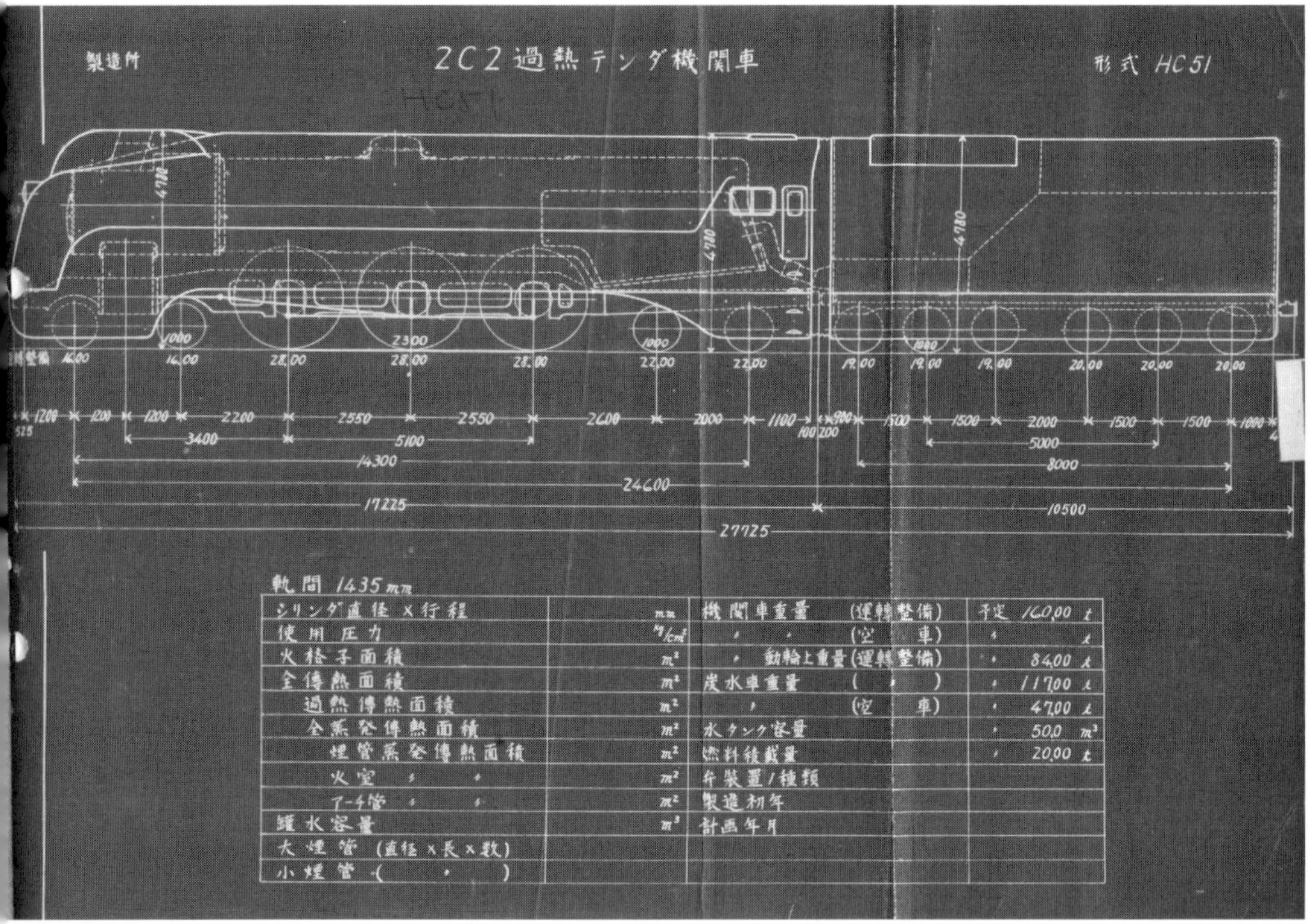

弾丸列車の牽引車として計画された2C2過熱テンダ機関車の側面図。細部設計までは進まなかった。
写真：鉄道博物館

とであった。

車両の大きさは、満州や朝鮮の鉄道とほぼ同等であり、最大幅など一部の数値はそれ以上とされた。そしてゆくゆくは航送船の利用による、朝鮮半島との車両の直通も考えられ、また想定ダイヤの研究では北京、奉天、新京などの到着時分も考慮していたので、そういうことからも、日本の占領下にあった大陸各地との連絡に重要な鉄道として計画されていたと言えるだろう。なお付け加えると、現在の新幹線とは違って、貨物輸送をおこなうことも考えられていた。

最高速度は、時速二〇〇キロメートルとすることが目指された。鉄道記者の青木槐三《かいぞう》（一八九七〜一九七七）によれば、これは鉄道省の技師が、参謀本部で秩父宮から「平均一五〇キロでは惜しい。最高時速二〇〇キロ位を出す計画にしたらどうか」と言われたことがきっかけになったという。

一部では用地買収もおこなわれ、また一九四二（昭和一七）年には新丹那トンネルの開鑿《かいさく》にも着手したが、計画された車両は、具体的な細部設計には進展しなかった。ちなみに車両は、電車ではなく、蒸気機関車もしくは電気機関車による牽引が考えられていた。蒸気機関車の採用は、変電所が攻撃を受けても運行できるからと、軍部に要請されたためだと言われている。だが、いま残されている仕様を見ると、ボイラー圧力は当時の国鉄では実現不可能なほど高い数値が設定されており、したがって実現の可能性は疑わしく思われる。

戦時中は鳴り物入りで宣伝された弾丸列車だが、戦局の悪化によって事業は中止され、そのまま敗戦を迎えることになった。

41

国鉄D52形蒸気機関車

戦時輸送の切り札である筈が

1943（昭和18）年製造開始
全長　2万1105ミリメートル
全幅　2910ミリメートル
全高　3982ミリメートル
火格子面積　3.85平方メートル
動輪直径　1400ミリメートル
シリンダー内径×行程　550×660ミリメートル
軸配置　1D1

日中戦争の勃発にともなって増大した貨物輸送量をまかなうべく、国鉄がD51形蒸気機関車の増産に拍車をかけたことは先に見た通りである。しかし、同じ性能の機関車をどれだけ増やしたところで、同じ線路上を同時に走らせられる列車本数には上限がある。それよりも、機関車の牽引力を増して、一列車あたりの輸送量を増やした方が、同じ列車本数でもより多くの貨物を運ぶことができる。

わかりやすくするために話をいささか単純にしたきらいはあるが、急激に増え続ける輸送量に対処するため、D51形よりも強力な機関車の登場が要請されたのは事実である。その目標は二〇％増強、すなわち、D51形の一〇〇〇トンに対し、新しい機関車は一二〇〇トンの牽引が目標とされたわけである。

二〇〇トン多く牽引できるというのはどういうことか。当時、貨車の中でも数の多かった一五トン積みの有蓋車は、貨物を積んだ状態で一両当たり二〇トンとして計算されていた。したがって、簡単に言えば一五トン積み有蓋車を従来の機関車よりも一列車あたり一〇両も多く引けるということになる。単純に計算をすれば、もし同じ時間に一〇本の貨物列車が走っていたとすれば一〇〇両の貨車で貨物を運ぶことができる、ということになる。

それまでの機関車設計が、どちらかといえば前例を踏襲するかたちでおこなわれていたのに対し、D52形の設計は、比較的前例にこだわらない方向で進められたと言える。その一つが燃焼室の採用である。石炭は、固定炭素の他に揮発分を有するが、この揮発分が燃え切らないまま煙突から排出されてしまっては、燃料を熱（エネルギー）に変換する効率が悪くなる。そこでボイラーの火室に燃焼室と呼ばれる空間を設けることによって火室容量を増やし、揮発分が火室に滞留する時間を増やして効率を向上させようとしたのである。この方式は明治時代に輸入した機関車の一部ですでに採用されていたが、国鉄の設計陣はその採用に後ろ向きで、D52形でようやく日の目を見たのであった。

大きさもこれまでの国鉄機関車にはないもので、動輪一軸当たりの重量は、D51形と比べて二トンほど重く、使用できる線区は、当時は東海道・山陽本線位しかなかったほどである。

この大型で強力な機関車が計画されたのは一九四〇（昭和一五）年で、時あたかも日中戦争が泥沼の様相を呈し、一方ではヨーロッパで第二次世界大戦が勃発した翌年でもある。このころ日本はフランスの降伏に乗じて援蔣ルート遮断を理由に北部仏印進駐に踏み切り、アメリカをして対日屑鉄禁輸という措置をとらせるに至っていた。一九四一年七月には、資源獲得のためオランダ領東インドに圧力を掛けるべく南部仏印進駐を開始し、日米関係は極度に悪化、やがてアメリカやイギリスとの戦争へと突入することになる。そして設計が本格化した一九四三（昭和一八）年になると、戦線の各地で部隊の退却や全滅が起こるようになっていた。

D52形機関車について考える上で欠かせない問題は、戦時中の船舶喪失である。対米開戦前の日本は、一〇〇総トン以上の船を合計六三三万総トンほど有していた。これを民間と陸軍徴用、海軍徴用と分配したのだが、輸送や作戦の途上で失われる船が急増する。一九四二年度は二〇四隻八九万総トン、それが一九四三年度には四二六隻一六七万総トンを失うというありさまだった。一方で損失を埋めるはずの造船は追い付かず、船腹不足は、増配を主張する参謀本部と、民需用を削りたくない陸軍省の間

に対立を引き起こすほどの政治問題にまで発展したのである。

船腹不足が顕在化した一九四二年一〇月六日、「戦時陸運ノ非常体制確立ニ関スル件」が確立され、石炭を中心とする海上輸送の陸運転嫁が図られることになった。D52形は、生まれる前からその切り札たる運命を負わされることになる。

一九四三年に設計が本格化したD52であるが、この年はまた、銅や鉄鋼など戦略的金属物資の節約に主眼を置く戦時設計が各分野で始まった年でもある。この機関車も例にもれず、外観上は丸みを帯びるような工作は極力避け、また各所を木製化するなど代用資材の積極的な導入が目立った。

D52形の製造が開始されたのは、一九四三年九月である。そして一二月一七日に国鉄の鷹取工場で22号が、次いで一八日には同じく浜松工場で1号が完成した。番号と完成順が一致しないのは、番号をはじめから各工場に割り振っていたためである。完成したD52形は、東室蘭~函館間の石炭輸送、沼津以西の東海道本線および山陽本線の貨物列車牽引に充当された。だが炭質の悪化、保守や運転の不慣れ、そして工作や材料の不良などが災いして、その能力を十分に発揮したとは言い難い。ボイラー破裂という蒸気機関車としては致命的な事故も起こした。

D52形がその真価を発揮したのは、戦後しばらく後、ボイラーの交換や装備の改善をおこなってからである。一部は従輪を増やして動軸の重量を落とし（D62形という）、東北本線にも活躍の場を広げた。また四九両のD52形は、戦後その需要が増大した旅客用機関車にボイラーを転用された。

これにより生まれたのが、特急牽引で名を馳せたC62形蒸気機関車である。

国鉄D 52形蒸気機関車、写真：鉄道博物館

42
阿波丸
撃沈された捕虜救《きゅう》恤《じゅつ》船

1945（昭和20）年撃沈される
1万1249総トン
垂線間長154.97メートル
幅20.20メートル
主機　ディーゼルエンジン2基2軸
1万4000馬力

一九四五（昭和二〇）年四月一日の夜、台湾海峡で一隻の貨客船がアメリカ潜水艦の魚雷攻撃によって撃沈された。船の名は、「阿波丸」。東南アジアの連合軍捕虜および抑留者への救恤物資を運ぶため、敵国であったアメリカから通行の安全を保障（この保障を安導券［safe-conduct］という）されたはずの船だった。

阿波丸は、日本郵船の豪州航路向け新造貨客船として、一九四一年七月に建造が開始された船である。

一九四〇年前後の海外航路の状況を見ると、シアトル航路こそ一九三〇（昭和五）年建造の氷川丸級が就航していたが、豪州航路および南米西岸航路に就航していた計六隻の船は老朽化が進んでいた。

そこで日本郵船は、三池丸級四隻を新造し、シアトル航路に就航中の氷川丸級三隻のうち二隻を配転することで、豪州航路と南米西岸航路の船質を改善しようとしたのである。阿波丸は、その三池丸級の一隻だった。

だが阿波丸の建造が始まった頃、日本は南部仏印に進駐したことで対米関係を決定的に悪化させ、その年の一二月には太平洋戦争が勃発する。四隻が建造されるはずだった三池丸級は一隻が建造中止となり、阿波丸も艤装を簡略化されることになった。一九四三（昭和一八）年に竣工した阿波丸は若干の武装を施されて、本土と南方を結ぶ日々を送ることになったのである。

さて、戦争が始まれば、多かれ少なかれ捕虜や抑留者が発生する。日本も、大勢の連合軍将兵を捕虜とし、あるいは非戦闘員を抑留していた。捕虜の権利は国際法によって定められ、赤十字を通じて本国との通信や救恤品の受け取りが保障されていた。問題は、交戦国の間で救恤品をどのように輸送して捕虜の手元に送り届けるか、である。

捕虜・抑留者は、大きく分けて、日本本土、中国大陸、南方占領地の三か所に収容されていた。アメリカから送られる救恤品は、長く手間のかかる交渉を経て、ようやく協力を引き出したソ連の船によってウラジオストクへと運ばれた。そこから一九四四（昭和一九）年に白山丸（四三五四総トン）が神戸港へと輸送し、その一部を今度は星丸（二八九七総トン）が中国大陸に運んだ。

問題は、南方占領地に送り届ける方法である。既に本土と南方を結ぶ航路はアメリカの潜水艦によって脅かされており、救恤品を安全に送り届けることは困難であった。そこで国際赤十字を通して日米間で協定を結び、日本船の一隻を救恤品輸送船としてアメリカが安導券を交付する、という形が採られたのである。そこで選ばれたのが阿波丸であり、船体を緑色に塗った上で、船体と煙突

阿波丸　写真提供：共同通信社

に大きな白十字が描かれた。白十字は交戦国間の大使の送還などにも使用される、赤十字のように航海の安全を保障される印であった。

一九四五（昭和二〇）年二月一七日、阿波丸は門司を出港する。台湾の高雄、香港、シンガポールで救恤品を降ろし、三月にはスラバヤに到着する。

制海権を失った日本は、この安導券を交付された阿波丸で、石油やゴムなど戦略物資の輸送を復路で目論んだ。また南方にいた商社員や技術者、行政官も阿波丸で帰国させようとした。それに対しアメリカ側は、状況を把握しつつも、とりたてて攻撃しようとはしなかった。

三月二八日、阿波丸はシンガポールを出港する。その二日前には米軍が慶良間諸島に上陸し、沖縄戦が始まっていた。そのため阿波丸は台湾の東岸を通る予定を変更し、西岸を航行していたところ、戦闘艦艇と誤認したアメリカ潜水艦クィーンフィッシュにより撃沈されてしまったのである。この攻撃によって乗員乗客あわせて二〇〇〇名以上が死亡し、助かったのは、クィーンフィッシュにより救助された船員一名だけであった。

中立国を通じた日本政府の抗議に対しアメリカ政府は非を認め、クィーンフィッシュの艦長は軍法会議で有罪判決を受けた。しかし戦後、ＧＨＱの意向もあり、日本側は阿波丸に関する賠償請求権を放棄した。遺族と日本郵船に対する補償は、日本政府がおこなった。

43 ボーイングB−29スーパーフォートレス

日本を焼き払った爆撃機

1944（昭和 19）年より本土空襲開始
全幅　43.5 メートル
全長　30.18 メートル
全高　8.46 メートル
エンジン　ライト R 3350 サイクロン 18　離昇出力 2200 馬力
最大速度　時速 587 キロメートル（高度 7620 メートル）
実用上昇限度　1 万 1050 メートル
航続距離　5230 キロメートル
爆弾搭載量　9072 キログラム

一九四〇年一月、アメリカ合衆国の陸軍航空軍団は、航空機メーカー各社に対し、一トン爆弾を搭載して五〇〇〇マイル（八〇〇〇キロメートル）以上の航続距離を持つ長距離爆撃機の使用を提示した。そして提出されたプランの中からボーイング社がトップに選ばれ、八月には試作機二機と地上試験機一機が発注された。特徴的な、空気抵抗に対する揚力の比率（「揚抗比」という）を高めるために細長くなった主翼、そして段差や突起を極力なくした胴体を持つ爆撃機の第一号機が出来上がったのは一九四二年九月のことだった。おりしも前年の一二月には日本との戦争が始まり、六月のミッドウェー海戦で日本海軍の主力空母四隻を沈めたとはいうものの、日本は広大な占領地域を確保しており、ソロモン諸島のガダルカナル島をめぐる日米両軍の激戦は始まったばかりだった。

この新しい爆撃機――B‐29がシアトルで初飛行をおこなったのは九月二一日のことである。しかし日米開戦よりも早い一九四一年九月には二五〇機もの契約が陸軍とボーイング社との間で交わされ、初飛行の直前にはおよそ一六〇〇機もの契約数に達していた。もちろん初飛行前にまとまった契約をおこなうこと自体は珍しくないが、それでもこれほど多数の発注がおこなわれたことは例がなかった。

ほぼ同じ頃、日本海軍でもB‐29とほぼ同じ規模の陸上攻撃機「深山」を開発していたが、これは成功作とは言い難いアメリカ製旅客機をベースに設計したもので、エンジンの出力および信頼性の低さ、新機軸を狙った機構のトラブル、そして何よりこれほどの大型機の設計製造に不慣れなこともあって思うような性能が得られず、試作機をわずか六機作ったのみで一九四三年には開発が打ち切られている。

B‐29は、その後増加試作を経て、一九四三年九月には量産型の第一号機が誕生。その後、体制の不備などから生産が遅延したものの、一九四四年三月以降は順調に推移し、しかも陸続と生み出される機体は、次々と対日戦へと投じられていった。

完成した機体は、大西洋から北アフリカ経由のルートを飛行して、まずインドのカルカッタへと集結する。最初の空襲目標には、タイのバンコクにある鉄道操車場が選ばれた。一九四四年六月五日のことである。続いて一六日には、前進基地である中国の四川省成都から北九州の八幡が空襲され、日本本土空襲の幕が切って落とされたのである。この時中国は、抗戦七年目にして、ようやく

ボーイング B29 スーパーフォートレス、leemage / AFP Third Party / 時事通信フォト

空襲を一方的にされる側からする側へと立場を変えたことになる。

しかし成都の飛行場に、出撃に必要な物資を補給することは大変な困難を伴った。ガソリンや弾薬は、天候急変が日常茶飯事なヒマラヤ上空を飛び越えて運ぶ必要があったのである。一説によれば、一機が出撃するに足りる量を運ぶのに、同じB－29が少なくとも三往復する必要があったという。しかも、その長大な航続距離を以てしても作戦行動範囲は北九州が限界だった。

だが最初の八幡空襲がおこなわれた前日、アメリカ軍はマリアナ諸島のサイパン島に上陸を開始していた。それから約二か月でサイパン、テニアン、グアムを攻略したアメリカ軍は、ここを拠点に日本本土空襲を実施する。マリアナ諸島を成都と比べた場合、アメリカ軍にとっては日本列島をほぼカバーできる上に、中国の日本軍占領地の上空を延々と飛び続けるようなこともなく、また燃料や弾薬などの補給に飛行機よりも積載量の大きい船舶を使えるという利点があった。これは日本側にとっては、間断なく空襲を受け続け、しかも邀撃《ようげき》が困難になるということでもあった。

一九四四年一一月一日、B－29の偵察型が一機、晴れ渡った東京の上空に姿を現す。高度九八〇〇メートルで写真撮影をおこなう同機に追い付けた日本の戦闘機は一機もなかった。そして同月二四日の中島飛行機武蔵製作所を目標とする空襲を皮切りに日本本土は連日のように空襲を受け、生産活動はマヒ状態に追い込まれその戦争遂行能力を奪われたのである。またおびただしい人命と財産が失われたが、人類初の核攻撃となる広島および長崎の原子爆弾投下もまた、同機によっておこなわれたのであった。

満鉄「あじあ」の空調装置について

満鉄の特急「あじあ」に空調装置が取り付けられたことは本文でも述べた通りですが、その方式については、鉄道に詳しい方でも、あまりご存知ない方が少なくないように思われます。試みにインターネットで検索してみたところ、「蒸気機関車から取り出した蒸気の気化熱で冷気を出す」とか「高圧高熱の蒸気を用いる吸収式冷却方式」といったような、いい加減な話を載せたウェブサイトの存在が目につきました。

そこでここでは、一九三〇〜四〇年代の日本における空調・冷房装置をめぐる事情と、「あじあ」の空調装置についてすこし詳しく書いてみたいと思います。

一九三〇年代において、世界で空調がもっとも発達していた国はアメリカ合衆国でした。しかし日本でも、重要な輸出産業であった紡績業で、地下水を用いた井水《せいすい》冷房が一九二〇年代から使われるようになっていきました。これは工場で作られる繊維製品が高い吸湿性を有していることから、品質管理のために工場内の温度や湿度を調整する必要があって導入されたものです。また、新しく作られるビルディングや劇場などで空調を導入する動きも出てきました。こうした動きの中で、空調装置を製造する企業も国内に生まれてきます。

満鉄は、後に「あじあ」と名付けられることになる特別急行列車に空調の導入を考えました。というのも、当時の鉄道の旅では、換気のために窓を開けることが当たり前でしたが、高速運転で窓を開けることは気流を乱して走行上の抵抗となりますし、そうでなくても塵埃や機関車の煤煙が車内に入ってきます。もし窓を閉め切ったままでも快適な車内環境を提供できれば、それは当時としてはこの上ないサービスとなります。

さて、先ほど述べたように、日本でも少数ながら空調の導入が始まっていました。しかしそれは建築物か船舶に限られ、鉄道車両での導入例はありませんでした。一方、アメリカでは一九二九年から鉄道車両でも空調が設けられるようになり、「あじあ」が運転される一九三四（昭和九）年には七〇〇両を超える客車が空調を設備していました。このような状況下に、満鉄は「あじあ」の空調装置を導入することになります。

さて当時の列車用空調で技術的に肝となる冷房装置には、次の三種類がありました。一つは、氷を載せてそこに空気を通して冷やすか、または氷で冷やした水をエアワッシャー（空気調和機）で空気に噴霧することで冷やすと同時に空気の汚れを落とす「氷式」。もう一つは、気体の冷媒を圧縮し高圧の液体状として、それが急速に減圧され気化する時に熱を奪う原理を利用する「冷媒蒸気圧縮式」（「蒸気圧縮式」とも）。そして三つ目は、気圧が下がれば液体の沸点も下がる特質を利用して、蒸気を噴射することによって液体の入っている容器から空気を吸い出し、その容器内に真空状態を作り出して液体を低温のまま沸騰・蒸発させ、その時に容器内を通っているパイプ（このパイプには水が通っており、送風機へと通じている）から気化熱を奪う「蒸気噴射式」です。なお蒸気噴射式は、噴射装置のことをエゼクタと言うところから、「蒸気エゼクタ式」とも呼ばれます。

満鉄は、この三種類の得失をつぶさに検討します。日本国内にあった空調メーカーの一つである高砂暖房（現・高砂熱学工業）からはスノーボールを使った氷式の提案もありましたが、一車両で八時間走行に二トンの氷が必要となることからくる重量増や製氷装置を要すること、および途中駅におけるスノーボールの補給困難からこれは不採用となります。また冷媒蒸気圧縮式（余談ですが、これは現在一般家庭で使われている冷蔵庫やクーラーと同じ原理のものです）ですと冷媒に特殊なガスが必要で（これは今でも変わりません）、空調がまだまだ珍しかった日本とその植民地では、はたしてそのガスをいつでも容易に入手できるのかという問題がありました。

それらと比べて蒸気噴射方式は、冷媒には特殊なガスを必要とせず水を使えばよいこと、冷媒を高圧にしなくてよい、圧縮装置など運動する機器が少なく騒音を抑えられる、用いるのは扱い慣れた蒸気と水である、などの点が満鉄にとって好都合でした。アメリカでは冷媒蒸気圧縮方式が急速に増えていましたが、それでも蒸気噴射方式を用いた空調を設備した客車もまだ多く、満鉄では、この方式を手掛けていたキャリア社（Carrier Corpooration）の製品を使うことになりました。具体的には、日本法人である東洋キヤリアが二三台分を満鉄より受注し、製品見本という意味合いで二台をアメリカのキヤリア社から輸入し、残りは東洋キヤリアの機器類を作っていた、三機工業の下請け工場である小沢製作所鶴見工場で製造されることになったといわれます。

こうして満鉄に供給された空調装置は、冷房はバイメタルを用いた装置により摂氏一七度から二九度の範囲で、また暖房は蒸気を利用して空気を暖め、その室温は一八度、二〇度、二三度の三段階に調節できたといわれます。そしてさらには、大陸の冬は極度に乾燥するため、蒸気噴霧により加湿された空気を客室内に送風するという工夫もおこなわれました。

さて最後になりましたが、冒頭で触れた、「あじあ」の空調装置としては誤った記述である「吸収式冷却方式」というものについて説明したいと思います。これは、低圧もしくは真空状態の容器内で液体を低温のまま沸騰・蒸発させ、その時に容器内に設けられているパイプ（このパイプにはやはり水が入っていて、送風機に通じている）から気化熱を奪うもので、この点は蒸気噴射方式に似ていますが、蒸発によって発生した蒸気を臭化リチウムのような吸水性の高い物質に吸い込ませ、そのことによって容器内の低圧を保つところから「吸収式」と呼ばれます。この方法は、水を吸収して濃度が薄くなった吸収材を火力などで加熱し水を蒸発させて再び濃度を高める必要があります。これは大型の設備が多く、おそらく鉄道向きではないでしょう。満鉄も検討対象とはしていなかったようです。

昭和　戦後

44

国鉄80系電車

長距離列車の電車化

一九五〇（昭和二五）年三月一日、東海道本線の東京～沼津間で、オレンジとグリーンの二色に塗り分けられた新形式の電車が営業運転を開始した。その編成は、制御車であるクハ86を先頭に、中間電動車のモハ80、付随車のサハ87、そして二等付随車（当時の国鉄の旅客設備は三等級に分かれていた）のサロ85よりなっていた（他に郵便荷物用電車としてモユニ81が作られている）。これら一群の形式は俗に「80系」といわれるが、その登場は、機関車牽引の客車が担っていた長距離列車に、電車が使用される時代の幕を開ける出来事だったのである。

それまでの電車は、どちらかといえば地方的輸送を担う、比較的短い区間を走るものであった。第二次世界大戦前は、国鉄の電化区間はほぼ東京近辺や京阪神間に限られ、都市圏の高頻度運転によるサービスを除けば、蒸気機関車によって牽引される客車列車が旅客輸送の主流だったのである。

一九三四（昭和九）年に丹那トンネルが開通すると、それまでは今の御殿場線を通っていた東海

1950（昭和25）年運転開始
全長　2万ミリメートル
全幅　2860ミリメートル
車体高　3650ミリメートル
自重　46.7トン
定員　92名
主電動機　ＭＴ４０Ａ　142キロワット（モハ80の1次形を示す）

道本線が同トンネルを通るルートに変更となった。このトンネルは蒸気機関車の排煙が難しい長大トンネルのため、既に電化されていた東京〜熱海間に加えて、東海道線の電化区間は沼津まで延ばされることになった。このとき、東京〜沼津間の中距離列車を電車化する計画が持ち上がったが、一九三七（昭和一二）年の日中戦争の勃発によって中止となってしまう。

第二次世界大戦後、戦争の影響で極度に荒廃した鉄道の復興が開始されたが、その際に、東京付近では電車運転の区間を沼津、小山、熊谷、土浦まで延長することが考えられた。

電気機関車と比べて電車の持つ利点は、編成両数に応じて電動車を適宜増やすことができる点にある。列車重量一トン当たりの出力は、電気機関車の場合は客車の両数を増やすほど小さくなる。しかし電車であれば、編成両数に応じて電動車の数も増やせば、出力はさほど小さくならずに済む。国鉄が試算した数値は、電気機関車牽引の場合は客車一〇両で一トン当たり三・四キロワットであるのに対して、電車は一五両編成でうち九両を電動車とすれば六・五キロワットとなり、たとえ両数が増えても加速率を大きくするうえで有利であると考えられた。また電車では、連結時に遊間（すき間）が生じない密着連結器を用いることから、正負の加速度が加わった時の遊間に起因する衝撃がないため、減速率も大きくすることができる。以上から、東京〜沼津間において電気機関車牽引で三時間かかるところを、電車なら二時間半に短縮できるという試算がなされた。これはまた、電車の各駅停車が、電気機関車牽引の急行列車とほぼ同じ所要時間で運転できるということでもあった。

しかしこの計画は、一九四九年から始まったドッジ・ラインの収支均衡予算により、存亡の危機

80系湘南電車クハ86、写真：鉄道博物館

に立たされる。しかし一方では東海道本線の電化区間が浜松まで延びようかという頃でもあり、それに伴って必要となる電気機関車と客車を捻出する必要があった。そこで東京~沼津間の列車を電車に置き換えることによって必要な機関車と客車を捻出することとし、当初より規模を縮小する形ながら実現に漕ぎつけたのだった。

この電車が従来の電車と大きく異なるのは、客車と同じように、乗降用の扉を車両の両端に寄せて、乗降デッキと客室の間に仕切りを設けたことである。というのも、運転所要時間がそれまでの電車よりも大幅に増えるため、通勤電車並みの旅客設備では不適切であると考えられたからである。この構造は、後に作られる急行用、特急用の電車にも継承されている。長距離電車として当たり前のように思われている構造は、この時に採用されたのであった。それはまた、長距離列車のみならず、優等列車の領域にも電車が本格的に入り込むことをも意味した。

現在、非電化区間を走るディーゼルカーも、俗に「電車」と呼ばれ、「汽車」という言葉は廃れた感がある。この現象を「電車」がそれだけ一般化したことの表れだとすれば、それは「汽車」の領域に電車として第一歩を踏み出した80系電車があればこそ、ということもできるだろう。

45 ダイハツ・ミゼット

個人商店の頼みの綱

スミスモーターホイール、という小型エンジンがあった。これは自転車の後輪に取り付けることによってモーターバイクに改造しようというもので、日本では明治の末期頃から輸入されていたものである。このスミスモーターホイールが、一方では原動機付車両の商用への道を作り出し、もう一方では、既存の技術を組み合わせることによって内燃機関を動力源として用いる二輪車や三輪車を作り出す動きへとつながっていった。一例を挙げれば、一九一七（大正六）年に大阪の中央貿易という会社が、このスミスモーターホイールを大量に輸入し、荷物運搬用自転車に取り付けて「自働下駄」と名付けて販売したという。

さて、昔の工場では、定置動力が欠かせなかった。現在と違って動力は工作機械とは別に備えられ、それが天井にあるシャフトを回し、そこからベルトでそれぞれの工作機械に動力を伝えていたのである。その定置動力を作るメーカーに、発動機製造株式会社という名の会社があった。一九〇七（明

1957（昭和32）年発売開始
全長　2540ミリメートル
全幅　1200ミリメートル
全高　1500ミリメートル
定員　1名
エンジン　空冷単気筒強制空冷2サイクル249cc

治四〇）年に、大阪高等工業学校（大阪帝国大学工学部の前身、現在の大阪大学工学部）の研究者や技術者を中心として創業した。なお定置動力には動力源の違いによって蒸気エンジンや石油発動機などがあるが、発動機製造が最初に手掛けたのはガス発動機である。東京帝国大学ですらも内燃機関に関する講義は傍流だった時期だが、この決定が発動機製造の将来を半ば決めたと言っても過言ではないだろう。

一九三〇（昭和五）年一二月、発動機製造は「ダイハツ」という名を冠した三輪自動車――オート三輪の試作車を完成させた。車両全体を見れば、まだ既製品を組み合わせたものだが、心臓部となる排気量五〇〇ｃｃの自然空冷単気筒エンジンおよびミッションは自社製であった。なお「ダイハツ」の名は、大阪の発動機製造という意味である。

最初のダイハツは、子会社である日本エアブレーキと共同製作することになり、「ツバサ」の名で一九三一（昭和六）年より量産車の販売が始められた。この頃、ダイハツの外にも東洋工業の「マツダ」をはじめとしてオート三輪の製造を手掛ける会社が東京や大阪に多く現れたが、当の発動機製造もまた、「ツバサ」とは別に「ダイハツ」ブランドでの販売を開始し、トップクラスのシェアを占めるに至った。だが戦争の激化により、それ以上の発展はひとまず中断してしまう。

第二次世界大戦後の一九四五（昭和二〇）年九月、ＧＨＱは月産一五〇〇台のトラック生産を許可する。それを受けて発動機製造は生産再開の準備を開始し、一一月には戦後第一号車を送り出した。一九五一（昭和二六）年には社名をダイハツ工業と変え、その二年後には累計一〇万台を突破した。

ミゼット DKA、写真：ダイハツ工業株式会社

さて、戦後もしばらくは、オート三輪と言えば戦前とあまり変わらない、あたかもオートバイがリヤカーを引いているようなスタイルであったが、その中で「みずしま」(三菱)が一九四六(昭和二一)年に幌屋根、風防付きで登場。オープン型だった運転台は少しずつキャビン付きへと変化していった。

そして一九五七(昭和三二)年八月、ダイハツはミゼットDKAを登場させる。キックスターターにバーハンドルながら、曲面ガラスを採用したスマートなキャビンは運転者を風雨から守る快適性、また従来のオート三輪よりも重心を低くとった安定性、二三万五〇〇〇円という価格設定、そして全国に張り巡らされたサービス網もあって、爆発的に売れ始めた。ミゼットは、商用におけるスクーターやオートバイからの乗り換えも促し、一九五八年当初は月産一四〇台だったが、それが同年一二月には一八〇〇台を超えたのである。一九五九（昭和三四）年になると、マツダK360に対抗すべく、輸出用として作られたドア付きキャビンに丸ハンドル、二人乗りのMPをラインナップに加えた。こうしてミゼットは、中小零細事業者に機動性を与えた軽三輪の象徴的存在となった。

だが一九六〇（昭和三五）年に各社が軽四輪を市場に投入し始めると、軽三輪の市場は縮小を始める。他ならぬダイハツもハイゼットL35型トラックの発売を一九六〇年に開始し、それまで軽三輪を必要としていた商用ユーザーは、自動車としてより本格的な軽四輪へと移行していくのである。しかしミゼットMPは人気の高さもあり、軽四輪が普及する中にあって一九七一年まで生産が続けられた。

46 ホンダ・スーパーカブ

世界的ロングセラーとなったビジネスバイク

1958（昭和33）年発売開始

一九四六（昭和二一）年一〇月、本田宗一郎（一九〇六～一九九一）は静岡県浜松市山下町に本田技術研究所を設立し、折しも軍の解体で不要となった、無線機用の発電用小型エンジンを自転車用の補助エンジンとして加工し、それを自転車に取り付けて売り出した。

しかしそれでは、数に限りある旧軍放出の既製品を加工しただけなので、底をついたら終わりである。そこで本田は、一九四七年七月ごろからエンジンの設計を開始し、一一月にはA型エンジン（五〇・三cc、〇・五馬力）として生産を開始した。

本田宗一郎は、自動車修理工場経営やエンジンパーツ製造の経験を戦前に積んでいた。技術的基盤は有していたのである。戦後に数多くあった、既製パーツの組み立てによる製品を作っていた町工場との違いがあるとすれば、それはおそらくこのあたりではないだろうか。本田技術研究所は、一九四八年に本田技研工業へと発展し、事業規模を拡大させていく。

好評を博したA型エンジンは、より強力なエンジンを求める声に応えるようにして、一九四九年には九八ｃｃのエンジンへと発展した。このクラスになると取り付ける自転車も補強を必要とするため、それならばということで、このエンジンを使用した本格的なオートバイが生産されることになった。このオートバイをドリーム号という。その翌年には、営業所と工場を東京に設け、関東地方の需要にも応えることになった。

本田技研工業からカブ号F型と称する原動機付自転車が売り出されたのは、一九五二（昭和二七）年のことである。カブは「Ｃｕｂ」、すなわち肉食動物の幼獣である。カブの特徴は、まずそのエンジン配置にあった。それまでの原動機付自転車がエンジンをサドルよりも前のフレーム中央に配置し、ゴムベルトで後輪を駆動していたのに対し、カブは新たに開発された二サイクル五〇ｃｃの小型エンジンを後輪に装置したのである。そのおかげでズボンを汚すことなく、また体軀の劣る女性や年少者にも扱える原動機付自転車として注目を浴び、他社より模倣製品が売り出されるほどになった。

「カブ」という、小さくても力のあるイメージを名に冠したこのクルマは、販売網の構築による販路の拡大もあって売れた。

しかし、市場が原動機を取り付けた自転車（モペッド）ではなく、小排気量であってもより本格的なオートバイを求め始めると、原動機付自転車は苦境に立たされることになる。

一九五四年、次のオートバイをスクーターにすべきかモペッドにすべきか決めるべく、本田宗一郎と専務の藤澤武夫は、欧州視察の旅に出る。そこで目にしたのは、オートバイをめぐる日本との国情の違いだった。何より日本では、悪路を行くことを考えなければならない。そのためには出力を得る必要がある。

目標は、誰でも扱える小型の、すべてに於いて使い勝手の良いオートバイ。頑丈だけれども、女性でも乗れる取り回しのよいオートバイ。したがってエンジンは高出力とするものの、静粛性と燃費の点から二サイクルではなく四サイクルが選ばれた。変速ギヤは、左手で操作するクラッチレバーではなく、左足によるペダルの踏み込みで操作できる自動遠心クラッチを採用したが、ここでも、安価で整備性がよく、耐久性の高いものが目指された。デザインは、粘土を用いた実物大の模型で検討された。タイヤ径は、手に入りや

スーパーカブ C100　写真提供：本田技研工業

すい既製品に頼ることなく、乗りやすさなどを考慮して一七インチ径が選ばれた。このタイヤを前後に配置し、そこから全体のスタイルが決定されていく。設計目標を満足させるために、あえて国産の既製品に無いタイヤを選んだわけだが、このあたりの経緯や考え方は、スバル３６０に似通っているところがある。

スーパーカブＣ１００が発表されたのは、一九五八（昭和三三）年七月のことである。そして販売は、その翌月より開始された。この新しいオートバイは、非常な好評をもって市場に迎えられた。それは、よく似たスタイルのビジネスバイクが競合他社から発売されたことにもうかがえる。

スーパーカブは、新聞配達や郵政、電報など、大口需要も獲得した。また東南アジアなど海外でも好評を博した。スーパーカブはモデルチェンジを繰り返しながらも生産が続けられ、二〇〇五年末には生産台数五〇〇〇万台を突破、六〇年を経てなお愛用され続けるロングセラーとなったのである。

47

富士重工スバル360

最初の「大人が四人乗れる軽自動車」

1958（昭和33）年発売
全長　2995ミリメートル
全幅　1295ミリメートル
全高　1335ミリメートル
定員　4名
エンジン　強制空冷2ストローク直列2気筒　356cc
出力　16馬力

戦前戦中を通して日本最大の航空機メーカーだった中島飛行機は、陸海軍解体と航空禁止という占領政策によって民需への転換を余儀なくされた。従業員も減り、また財閥解体によって会社は工場単位に分割された。そのうち三鷹と太田の両製作所は富士工業という名で「ラビットスクーター」の製造を開始、伊勢崎製作所は富士自動車工業となってバスのボディ架装をおこなうようになった。この富士自動車工業が乗用車製造に将来の活路を見出そうとして開発したのが、このスバル360であった。なおこのとき分割された各社は、一部を除いて講和後に再び統合し、富士重工となっている。

富士自動車工業が最初に手掛けたのは、P－1というコード名を持つ排気量一五〇〇ccの小型自動車であった。この自動車は増加試作車がナンバーまで取ってテストを兼ねて数台がタクシー会社で使われるところまで行ったが、量産体制への投資額が莫大なものになるということから市販化は見送られた。

代わって浮上してきたのが、軽四輪の開発であった。軽であれば、比較的小さな投資額で自動車産業に進出できるという経営判断があったものと思われる。

軽自動車の規格は、運輸省によって一九四九（昭和二四）年に制定された「車輛規則」にまでさかのぼる。当初は二輪車を念頭に置いた小さなサイズのものであったが、幾たびかの変遷を経て一九五四（昭和二九）年には軽三、四輪の規格は「全長三・〇m、全幅一・三〇m、全高二・〇〇m、排気量三六〇ｃｃ」となった。後年の、各社から発売された軽自動車のラインナップを知る現代の我々から見ると俄かには信じがたいほどであるが、当時は、この規格で大人四人乗りを実現することは困難で実現不可能とすら考えられていた。開発陣は、まず車内のレイアウトを考え、それに合わせて必要な機能を設計していった。と、このように書けば何でもないことのように思えるが、外部の寸法は法令で定められているので、既成の概念で漫然と設計をしていたのでは、機器類が内部に干渉して、居住性に悪影響を与えてしまう。そこでタイヤは、自動車としては最小のものとなる、これまでにない一〇インチのものをブリヂストンに依頼して特に作ってもらうことになった。路面からのショックをやわらげるための緩衝装置には、トーションバーを使うことにした。これは棒がねじられる時に元に戻ろうとする反発力を利用するもので、日本の自動車としてはこのとき初めて採用されたものである。

デザインの難易度も高いものだった。大人四人の乗車を目的としていたから車体内法は極めて大きく、対して最大寸法は法令で定められている。その余裕の小さい、いわば間隙を利用して、しか

スバル 360、写真提供：株式会社ＳＵＢＡＲＵ

も非力なエンジン出力をカバーすべく車体重量を抑えるために採用した薄鋼板の、その強度を保つために丸みを帯びさせるという仕事を引き受けたのは工業デザイナーの佐々木達三（一九〇六〜一九九八）であった。佐々木はスケッチなどをせず、設計陣から機能や工作に関する話を聞いたうえで縮尺五分の一の粘土模型を作り、さらに原寸大の模型を作るという方法でこれに応じた。

一九五八（昭和三三）年五月、スバル３６０は市場にその姿を現した。それまでの軽自動車とは比べ物にならない性能と居住性は、すぐさま評判となった。

さて、販売開始当時の四二万五〇〇〇円という金額は、どのような数字なのだろうか。当時、国家公務員の大卒初任給は九二〇〇円、高卒初任給は六三〇〇円であった。勤労者の一世帯当たり年平均一か月で見ても、一九五七年で約三万二〇〇〇円。しかもこれは世帯主以外の収入を含んだ額である。これが五万円になるのは一九六二年まで待たねばならない。二〇代の勤労者にはとても手が出せるものではなかった。しかしそれでも一二〇万円台のトヨペットクラウンと比べた場合、性能や居住性に関して一定の水準に達している自動車を所有する際の負担が大きく下がったのは確かである。事実、一九五五年に四八台だった軽四輪車の新規登録台数は、一九五七年になっても七六台に増えただけである。しかしスバル３６０の販売開始後は急伸し、五八年に六〇四台、五九年には四四一二台にまで達し、六〇年には二万九〇〇〇台となった。軽を除く乗用車の販売先がほとんど営業用で個人が五％にも満たなかった時代に、軽四輪販売台数のトップとしてシェアを急速に拡大した事実は疑うべくもなく、その後の、生活の中に自動車がある光景を現実のものとして近づけたという歴史的社会的意義は大きいものがあった。

48

新幹線

高速化による鉄道復権の切り札

1964（昭和39）年10月1日
東海道新幹線開業

すでに見たように一九四〇（昭和一五）年には、東京〜下関間に高速列車用とする一四三五ミリ軌間の新線を建設する事業が開始された。

その背景には、満州事変と満州国建国にともなう輸送量の増大があった。今日のように飛行機が十分に発達していなかった時代、中国大陸との交通は、主として東海道本線と山陽本線が担っていたのである。だが、帝国主義的膨張によるヒトとモノの流れの活発化により、近い将来両線の輸送は将来パンク状態になることが懸念された。そこで立案されたのが、この弾丸列車であった。

しかし弾丸列車は走らなかった。用地買収をおこない、一部ではトンネル工事も開始されたが、戦争の激化により事業は中断。そのまま敗戦を迎えたことは前に見た通りである。

しかし戦後、高度成長への道を歩み始めると、東海道本線の輸送の行き詰まりが再び予測されるようになり、一九五六（昭和三一）年より国鉄と運輸省に調査チームが設けられて対処法を検討することになった。輸送力を増強させる際、もし線路を増やす方向で手立てをおこなう場合には、従来の規格のまま複々線にする方が技術的には最も無難である。しかし国鉄は、標準軌による高速新線の建設という道を選んだ。

戦前の弾丸列車計画から十数年の間に、鉄道の技術的動向は大きく変化していた。動力分散方式――列車の中に多数の動力車を持つ――は加減速や勾配区間における高速運転において、一両ないし二両の機関車が列車を牽引する方式よりも有利であり、その特性を活かして国鉄では、80系湘南電車を皮切りに長距離列車の電車化が進みつつあった。また、私鉄も含めて電車の高速運転に適した技術が次々と導入され、加減速、高速性能、そして乗り心地が大きく改善された高性能の電車が生み出されるようになっていた

また電源方式では、交流電化への取り組みも始まっていた。それまでの直流電源と比べて地上設備の費用を削減できるとして始まったものだが（送電ロスが少ないため変電所の間隔を長くすることができる等の利点があった）、高電圧の交流電源は大電流を送るのにも適していたのである。

こうして新幹線は、戦前の弾丸列車（機関車牽引方式、電気機関車と蒸気機関車の併用、電化区間は直流三〇〇〇ボルト）とは技術的に異なる側面を持ったプロジェクトとして進められることになった。

一方、用地や設備は、戦時中に取得した用地など、延長九五キロメートル分が戦後の新幹線に活用されることになった。距離としてはわずかだが、その中には建設を中断した新丹那トンネルや完成させて東海道本線として利用していた日本坂トンネルといった施設もあり、弾丸列車計画の遺産

東海道新幹線、1964年7月撮影、写真：時事通信フォト

を幾ばくかでも引き継いだということができるだろう。

しかし何より新幹線は、戦争や、それにともなう国外への軍事的膨張を背景としていないという点において、弾丸列車とは正反対の位置にあった。弾丸列車計画は、関釜連絡船および朝鮮半島の鉄道を経由して、満州国や中国占領地との連絡を企図していた。連絡船による車両の直通も考えられ、そのため車両の規格は、満鉄など大陸の鉄道に準じるよう考えられた。それに対して新幹線が対象としたのはあくまで国内の輸送需要であり、国家的プロジェクトとして世界銀行から八〇〇〇万ドルの融資を受けるという国際性をも有していた。ちなみに総工費は、約三八〇〇億円である。これは開業した年の、一九六四（昭和三九）年度一般会計予算の一一・五パーセントに相当する。これだけのものが、もしヒトもカネもモノも軍事優先だった場合、果たして実現できたであろうかと筆者は疑問を抱かざるを得ない。

一九六四年一〇月一日に開業した東海道新幹線は、世界的に鉄道が自動車と飛行機によってシェアを奪われる中にあって高速大量輸送機関として確たる地位を占め、以後、日本国内では、輸送力改善のために新幹線が各地に建設されることになった。新幹線は、高速列車によるネットワーク形成が鉄道復権の鍵となることを世界に示したと言えよう。

49

ボーイング747

ジャンボジェットの登場

1970（昭和45）年日本に飛来
全長　70.6メートル
全幅　64.4メートル
全高（尾翼高）　19.4メートル
客室幅　6.1メートル
巡航速度（高度3万5000フィート）　マッハ0.85（時速912キロメートル）
エンジン（最大推力）　プラット＆ホイットニー PW4062　6万3300ポンド（281.57キロニュートン）（諸元は747-400型を示す）

航空史において画期となる出来事にはどのようなものがあるだろうか。よく言われるものとしては、たとえば全金属セミモノコックの登場と普及、複葉機から単葉機への流れ、あるいはジェットエンジンの実用化……。これらはいずれも、技術的見地に立った考え方である。では見方を変えて、旅客輸送で運ばれる客の立場から、あるいは輸送効率や経済といった考え方ではどうなるだろうか。それも、現在に直接つながっているもので。

一九六〇年代に描かれた未来の航空産業の姿は、大きく分けて二つあったといえる。一つはフランスのコンコルドのような超音速旅客機に見られる、さらなる高速輸送。そしてもう一つは、一度により多くの人や物を運ぶ、大量輸送である。そのうち、超音速旅客機は頓挫してしまった。しかし大量輸送は現実のものとなった。その幕を開いたのが、ボーイング７４７であったといえる。

第二次世界大戦の末期に実用化されたジェットエンジンは、高温高圧のガスを噴出させることによって、単に空気を後ろへ送り出すだけのプロペラよりもはるかに速いスピードを出すことができる。また吸気・圧縮・燃焼・排気を順におこなわなければならないピストンエンジンとは異なり、力を生み出す燃焼を連続的におこなうことから、より高出力を得ることも可能となる。このような利点から、旅客機の世界においてもジェットエンジンの採用が次第に増えていき、機体もより大型化していった。しかしそれでも、前後をつなぐ一本の通路を挟んで、左右にそれぞれ二席ないし多くても三席が並ぶ、すなわち通路を挟んで横一列に四席から最大で六席を並べる客室内のレイアウトは変わることがなかった。一九六〇年代に成功したダグラス社としては最初のジェット旅客機となるDC－8は、胴体を延長することによって二五〇人以上を乗せることができたが、それでも今述べたような機内のレイアウトに対する考え方は変わらなかった。

一九七〇年代に入るや姿を現したボーイング747は、その大きな胴体断面に二本の通路を通し、横一列に並べられる座席の数はそれまでの一・五倍以上と飛躍的に増やされた。大型化は胴体断面のみならず長手方向にもおこなわれたから、乗客定員数は四〇〇人を超えた。このことは、同一の行き先に向かう旅客を、従来より少ない機数と発着回数で運べることを意味する。また、仮に飛行機の大きさが倍になったところで運航費用も単純に倍となるわけではなく、したがって、乗客一人当たりに必要な運航費用をより小さく抑えることにもつながる。また同時に客室の空間が大きく広がったことで、それまでの旅客機にはなかった開放感をも生み出したのである。いつしかこの大型機は「ジャンボ」の愛称で親しまれることになった。また、このように幅広い胴体はワイドボディーと呼ばれるようになり、それまでの幅狭い胴体はナローボディーと呼ばれるようになった。

日本に初めて姿を見せたパンアメリカン航空のジャンボジェット機ボーイング 747 型機、
東京・羽田空港、撮影日 1970 年 5 月、写真：時事通信フォト

日本に初めてジャンボがやってきたのは一九七〇（昭和四五）年三月一一日のことで、パンナムの太平洋路線に初就航した機体が飛来した。この日を皮切りに、日本の航空界も大量輸送の時代に入ったと言ってよいだろう。その乗客定員の大きさから航空会社が旅客誘致のために各種の割引サービスを積極的に展開し、飛行機を使った旅行の大衆化につながった。

日本では、その輸送効率の高さから、東京～大阪間のような需要の大きい短距離路線でも使われた。そのため日本市場向けに、ボーイング社は短距離路線用の747を日本航空及び全日本空輸に供給した。このモデルの乗客定員数は、五五〇人にも達している。

747が先鞭をつけたワイドボディは、その後に作られた、より定員の少ない飛行機にも影響を及ぼした。三〇〇座席構想のエアバスA300B、ダグラスDC－10、ロッキードL－1011トライスラーなどもワイドボディを持って生まれたのである。

50 原子力船 むつ

その大いなる迷走

1974（昭和49）年試験航行で事故
全長 130.46メートル
全幅 19.0メートル
総トン数 8242トン
加圧軽水冷却型原子炉 1基（他に1万馬力蒸気タービン1基）
出力 約3万6000キロワット
燃料 酸化ウラン
最大速力 17.7ノット

核エネルギーの商用利用に関する研究が本格的におこなわれたのは、第二次世界大戦後のことである。占領下にあった日本では核エネルギーに関する研究は禁止されていたが、サンフランシスコ講和条約によって独立を回復すると、政界や経済界の中から各エネルギーの実用化に向けた動きが出始めた。

運輸省運輸技術研究所において舶用原子炉の研究がおこなわれたのは、一九五七（昭和三二）年のことである。一九五八（昭和三三）年一二月には、民間船舶関係各社の調査会から発展した（社）日本原子力船研究協会が、原子力委員会に対して、原子力船開発方針の確立や舶用原子炉技術の早期導入などの要望を提出した。もっともこの時の狙いはむしろ基礎研究にあり、実用化を視野に入れた造船計画は時期尚早だとする意見も強かった。だが、原子力産業の業界団体である（社）日本原子力産業会議が海外に調査団を派遣し、原子力船に関する研究ならびに開発の推進を喫緊の課題として報告。こうした動きを受けて原子力船研究は急速に具体性を帯び、一九六三（昭和三八）年に日本原子力船開発事業団が設立された。同年一〇月、政府は原子力船開発基本計画を決定。そこでは、建造されるのは約六〇〇〇総トンの海洋観測船、地上施設も含めた総経費は六〇億円とされた。

しかしその後、計画は迷走する。第一船は一九六四（昭和三九）年に三六億円の予算が得られたが、一年たっても大手造船会社からの入札が得られず、随意契約に移行。建造に必要な見積額は六〇億円に膨らんだ。総経費も二倍以上となり、国の負担増大が懸念されたことから船種および船型の再検討もおこなわれ、一九六七（昭和四二）年に海洋観測船から特殊貨物船へと変更されることになる。船種変更という、実験船とはいえ船としての存在意義に関わる出来事は、このように技術的問題としてではなく、船価高騰に目を奪われた結果として起きたのであった。

一方、舶用新型炉の遮蔽効果確認実験が一九六五年からおこなわれていたが、その目的は主として計算手法の確認にあり、実験結果を炉の設計に反映させることには不熱心だったと言われる。遮蔽設計の技術者も国内には十分に育ってはおらず、その後、日本の原子炉メーカーがアメリカのメーカーから遮蔽に関して指摘を受ける機会があったが、これも設計に反映されなかった。これらのことが、後に述べる事故へとつながっていく。

このような紆余曲折を経て、日本の原子力船は一九六八（昭和四三）年一一月に起工、翌年六月に進水し、原子炉の据え付けを含む艤装が終了したのは一九七二（昭和四七）年七月のことであった。船の名前は、定係港に選ばれた大湊港にちなんで「むつ」とされた。

原子力船「むつ」進水式 、1969 年 6 月 12 日撮影、写真：毎日新聞社 / アフロ

一九七四（昭和四九）年九月一日、ようやく漕ぎつけた洋上での原子炉試運転で、高速中性子が遮蔽体の間隙をつたって漏れ出す「ストリーミング」という事故が起きた。つまり放射線漏れであり、それ自体はすぐさま重大な事態につながるものではなかったが、大湊港のある地元むつ市の反発を呼び、定係港移転という事態にまで発展した。

その後、「むつ」は遮蔽改修工事を一九八〇（昭和五五）年より約二年間にわたって受け、一九九〇（平成二）年にようやく原子力による航行を開始した。その翌年二月二五日から一二月一二日まで四次にわたる実験航海は、総航海日数一一〇日、航海距離六万六二六〇キロメートルに及んだ。この航海を終えるや「むつ」は解役作業に入り、一九九五（平成七）年には原子炉室を撤去した。残された船体は海洋科学技術センターに移管され、大工事を受けて一九九六（平成八）年八月二一日、ディーゼルエンジンを搭載した海洋調査船「みらい」として進水した。現在、総トン数八七〇六トンの「みらい」は、世界でも有数の海洋調査船として、海洋・気象の観測研究に従事している。

あとがき

「日本の近現代史に絡める形で五〇の乗り物を選び出して書く」という企画を頂戴して、このような本ができた。ただし、対象とする乗り物の選択は、筆者である私がおこなっている。その選択は、私の好みでとり上げたものもあるが、高校教科書の記述を意識して選んだものもある。たとえば「雲揚」は、韓国併合が日本の近代史上避けては通れないトピックであることから、その遠因となった江華島事件との関係でとり上げたものである。

一方で、教科書の記述に深い関係のあるものでも、他に記述の恵まれていそうなものはあえて採らず、別の題材にしたものもある。たとえば日露戦争とくれば日本海海戦に関連づけて戦艦「三笠」をとり上げても良いわけであるが、同じ時代の日本の商船をめぐる状況に触れたいということもあって、ここは仮装巡洋艦として使用された貨客船「信濃丸」をとり上げた。また、社会との関連を意識して日本海軍の戦艦を一つとり上げるとすれば、シーメンス事件との関連で巡洋戦艦「金剛」をとり上げた方がよいだろう、とも考えた。官吏・公務員の腐敗は常に新しいテーマである。国有財産の払い下げをめぐって著しく不透明な操作が広範囲にわたっておこなわれた事実も記憶に新しい。そのように考える一方で、戦艦「大和」はとり上げていない。短い文章で「大和」に社会的な意義を見出すのはなかなか難しいと考えたからである。

また、開発の経緯から関連するものをとり上げながら、その関連についてほとんど触れなかったところもある。たとえば飛行機では、九試単戦と九六式陸上攻撃機は、海軍航空兵力の近代化という点で関連性の強いものである。しかし本書では、個別に持つ意義を重視した。限られた字数では、海軍の戦略や、また技術的な意義に深入りすることは難しいという理由もある。

こんな風に考えながら書いた次第であるが、別の考え方からすればとり上げて当然という乗り物を漏らしているところがあるかもしれない。たとえばモータリゼーションや自動車の普及を考える時、一九六六年に発売が開始されたトヨタのカローラは避けて通れないという考え方もあるだろう。どこにどのような意義を見出して書くかという問題は、与えられた紙幅との兼ね合いもあって難しいものである。この点については、本書では自動車の個人所有の契機という点を重視して、時代的にカローラよりもさかのぼるスバル３６０を選択した。

また記述にあたっての姿勢として、趣味的な本の中に散見されるような、かなり狭い範囲の技術的な意義に焦点を絞った記述は、意識して避けるようにした。もちろんそれはそれで読んでいて楽しいものではあるが、本書は一般の読者が手に取ることを前提に、乗り物をなるべく広く見渡すという方針から、このようにした次第である。

世の中を見渡すと、第二次世界大戦当時の日本の航空技術が世界のトップレベルにあったと考える人が少なくないという現実があり、しかもそれが、しばしば「日本は凄かった」という言説に結びつきがちである。そうした独りよがりな思い込みに抗するためにも、科学や技術の社会史的意義とでもいうようなことを意識した本がもっと多く書かれ、読まれるべきではないかとも考えた。

申し遅れたが、本書が幾ばくかでも読者の乗り物や社会に対する理解の助けになるとすれば、それは引用した本を含めた数ある先行研究のおかげである。とりわけ、参考文献に掲げた本には、物事に対する見方や意義の見出し方も含めて大きく拠った。なかでも中岡哲郎氏の『自動車が走った――技術と日本人』（朝日選書、一九九九）、および鈴木淳氏による『シリーズ日本の近代　新技術の社会誌』（中公文庫、二〇一三）からは強い影響を受けている。僭越ながら、こちらもぜひ、手に取ってお読みいただければと思う。

また逆に、もし何らかの誤謬や疎漏があるとすれば、それは筆者の力量不足によるものである。ぜひご叱正を賜りたい。

このような本を書かないかと原書房の大西奈己様からお声をかけていただいたのは、二〇一七年春のことである。本来であればもっと早くに刊行されていたはずなのだが、折悪く体調を崩してしまったこともあって、大変申し訳ないことに、ここまで延ばしてしまう結果となった。辛抱強くお待ちいただいたことに対してお礼を述べるとともに、ご迷惑をおかけしたことについて、この場を借りてお詫び申し上げたい。

二〇一八年一〇月

若林　宣

参考文献

辞典および百科事典の類、また新聞は省略した。

青木槐三『鉄路絢爛』交通協力会、一九五三年
秋田喜三郎『小学国語読本指導書　尋常科用　巻十』明治図書、一九三七年
秋本実　ほか著『巨人機ものがたり』酣燈社、一九九三年
明石孝「湘南電車の生い立ち」『鉄道ピクトリアル』一九五一年七月号、電気車研究会
安達裕之「近代造船の曙――昇平丸・旭日丸・鳳凰丸――」『TECHNO　MARINE　日本造船学会誌』通巻八六四号、日本造船学界、二〇〇一年
天野博之『満鉄特急「あじあ」の誕生　開発前夜から終焉までの全貌』原書房、二〇一二年
伊佐九三四郎『幻の人車鉄道　豆相人車の跡を行く』河出書房新社、二〇〇〇年
石井孝『日本開国史』吉川弘文館、一九七二年
石津陽治「満鉄特急「あじあ」とその空調装置」『冷凍』七九九号、日本冷凍協会、一九九四年
林采成「満鉄における鉄道業の展開　効率性と収益性の視点より」『歴史と経済』第五五巻第四号、政治経済学・経済史学会、二〇一二年
岩下哲典『予告されていたペリー来航と幕末情報戦争』洋泉社、二〇〇六年
臼井茂信『日本蒸気機関車形式図集成』誠文堂新光社、一九六九年
臼井茂信『機関車の系譜図　1』交友社、一九七二年
臼井茂信『機関車の系譜図　4』交友社、一九七八年
海野福寿『韓国併合』岩波新書、一九九五年
老川慶喜『日本鉄道史　幕末・明治篇　蒸気車模型から鉄道国有化まで』中公新書、二〇一四年
老川慶喜『日本鉄道史　大正・昭和戦前篇　日露戦争後から敗戦まで』中公新書、二〇一六年

王京「関東大震災と航空写真」、「人類文化研究のための非文字資料の体系化」第3班課題3「環境に刻印された人間活動および災害の痕跡解読」編『環境に刻印された人間活動および災害の痕跡解読』神奈川大学、二〇〇七年
大岡昇平『俘虜記』新潮文庫、一九五三年
大久保利謙 編『体系日本史叢書3 政治史 Ⅲ』山川出版社、一九六七年
大島卓・山岡茂樹『自動車』日本経済評論社、一九八七年
小沢朝江、水沼淑子著『日本住居史』吉川弘文館、二〇〇六年
小関和夫『カタログで知る国産三輪自動車の記録』三樹書房、一九九九年
落合一夫 編著『ジャンボジェット ボーイング747の世界』酣燈社、一九七七年
海軍軍令部戦史編纂委員 編『明治二十七八年 征清海戦史 二』（防衛省防衛研究所 所蔵）
海軍有終会 編『幕末以降帝国軍艦写真と史実』海軍有終会、一九三五年
梶原利夫「国産リヤカーの出現前後」『自転車技術情報 第72号』自転車産業振興協会、一九九七年
加藤祐三『幕末外交と開国』ちくま新書、二〇〇四年
桂木洋二『スバル360開発物語 てんとう虫が走った日』グランプリ出版、二〇一五年
加藤順一「日独戦争における病院船博愛丸の捕虜救護に対する議論について 日本赤十字文書を中心に」『人文研究論叢』2、星城大学、二〇〇六年
鏑木豪夫『実用農機具ハンドブック』朝倉書店、一九六一年
金澤裕之『幕府海軍の興亡 幕末期における日本の海軍建設』慶應義塾大学出版会、二〇一七年
草間秀三郎『ああ、博愛丸』日本図書刊行会、二〇一三年
倉田稔「蟹工船および漁夫雑夫虐待事件」『商學討究』第五三巻一号、小樽商科大学、二〇〇二年
クリスチャン・ポラック、石井朱美・後平澪子・望月一雄 訳『筆と刀 日本の中のもうひとつのフランス 1872-1960』在日フランス商工会議所、二〇〇五年
交通博物館所蔵『明治の機関車コレクション』機芸出版社、一九六八年
児玉幸多『日本交通史』吉川弘文館、一九九二年
小松良平「満鉄あじあ号列車冷房の思い出」『冷凍』八五六号、日本冷凍空調学会、一九九九年
古峰文三「零戦開発史を読みなおす」『歴史群像太平洋戦史シリーズ33 零式艦上戦闘機2』学習研究社、二〇〇一年

齊藤俊彦『くるまたちの社会史』中公新書、一九九七年
佐々木達三「軽四輪乗用車スバル360のデザイン」『工芸ニュース』第二六巻第五号、工業技術院産業工芸試験所編、丸善、一九五八年
佐々木烈『日本自動車史　全二巻』三樹書房、二〇〇六年
沢井実「戦前期におけるガス溶接、溶断機企業の展開」『大阪大学経済学』第六五巻第二号、大阪大学大学院経済学研究科、二〇一五年
三機工業株式会社社史編纂室　編『三機工業七十年史　1925-1994』三機工業、一九九五年
志賀直哉「自転車」『ちくま日本文学全集　43』筑摩書房、一九九二年
白土貞夫『ちばの鉄道一世紀』崙書房、一九九六年
鈴木一義『20世紀の国産車――高嶺の花がマイカーとなるまで』三樹書房、二〇〇〇年
鈴木淳『シリーズ日本の近代　新技術の社会誌』中公文庫、二〇一三年
鈴木多門『「終戦」の政治史1943-1945』東京大学出版会、二〇一一年
園山精助『日本航空郵便物語』日本郵趣出版、一九八六年
大日本航空社史刊行会『航空輸送の歩み――昭和二十年迄』日本航空協会、一九七五年
高木宏之『国鉄蒸気機関車史』ネコ・パブリッシング、二〇一五年
高橋重治『日本航空史　乾』航空協会、一九三六年
高橋重治『日本航空史　坤』航空協会、一九三六年
竹内正虎『日本航空発達史』相模書房、一九四〇年
武田尚子『荷車と立ちん坊　近代都市東京の物流と労働』吉川弘文館、二〇一七年
谷釜尋徳「幕末期における旅人の移動手段としての荷車の登場――東海道筋の人力車の先駆的形態に着目して――」『日本体育大学紀要』第三六巻第二号、日本体育大学、二〇〇七年
地田信也『弾丸列車計画　東海道新幹線につなぐ革新の構想と技術』成山堂書店、二〇一四年
逓信省管船局 編『日本船名録　明治三十六年』帝国海事協会、一九〇三年
東京の消防百年記念行事推進委員会　編『東京の消防百年の歩み』東京消防庁職員互助組合、一九八〇年
内国通運株式会社 編『内国通運株式会社発達史』内国通運、一九一八年
永井荷風「西遊日誌抄」『荷風全集　第十九巻』岩波書店、一九六四年
中岡哲郎『自動車が走った――技術と日本人』朝日選書、一九九九年

日米修好通商百年記念行事運営会 編『万延元年遣米使節史料集成 第五巻』風間書房、一九六一年
日本航空協会『日本航空史 明治・大正篇』日本航空協会、一九五六年
日本国有鉄道『新幹線十年史』日本国有鉄道新幹線総局、一九七五年
日本郵船株式会社『二引の旗のもとに 日本郵船百年の歩み』日本郵船株式会社、一九八六年
野沢正『日本航空機辞典 明治43〜昭和20年』モデルアート社、一九八九年
蓮實重彦ほか著『東京大学公開講座68 車』東京大学出版会、一九九九年
原田勝正『満鉄』岩波新書、一九八一年
原田敬一『日清・日露戦争 シリーズ日本近現代史③』岩波新書、二〇〇七年
平岩大貴「80系・70系電車のあゆみ」『鉄道ピクトリアル七月号別冊 国鉄型車両の記録 80系・70系電車』鉄道図書刊行会、二〇一八年
前田哲男『戦略爆撃の思想 ゲルニカ‐重慶‐広島への軌跡』朝日新聞社、一九八八年
松浦直治『開港四百年 長崎の歴史』長崎開港四百年記念実行委員会、一九七〇年
満鉄会『満鉄四十年史』吉川弘文館、二〇〇七年
三浦昭男『北太平洋定期客船史』出版共同社、一九九四年
三国一朗『戦中用語集』岩波新書、一九八五年
水木しげる『水木しげるのラバウル戦記』ちくま文庫、一九九七年
宮本晃男、宮本昰男『航空技術叢書 4 スーパー・ユニバーサル型輸送飛行機取扱解説』育生社、一九四一年
「むつ」放射線漏れ問題調査委員会「「むつ」放射線漏れ問題調査報告書」『原子力委員会月報』第二〇巻第五号、科学技術庁原子力局、一九七五年
山本義隆『近代日本一五〇年』岩波新書、二〇一八年
山本鉱太郎『新編・川蒸気通運丸物語 利根の外輪快速船』崙書房、二〇〇五年
横山源之助『日本の下層社会』岩波文庫、一九八五年
郵船OB会氷川丸研究会 編『氷川丸とその時代』海文堂、二〇〇八年
ロジャー・ディングマン、川村孝治訳、日本郵船歴史資料館監訳『阿波丸撃沈 太平洋戦争と日米関係』成山堂書店、二〇〇〇年
若林宣「異聞・日本航空史(1)日露戦争と臨時気球隊」『Ａｉｒ Ｗｏｒｌｄ』二〇〇四年一二月号、エアワール

ド
若林宣「異聞・日本航空史(19)明治10年の気球について」『Ａｉｒ Ｗｏｒｌｄ』二〇〇六年八月号、エアワールド
若林宣『帝国日本の交通網　つながらなかった大東亜共栄圏』青弓社、二〇一六年

『原子力年報　昭和53年』原子力委員会、一九七八年
『航空情報別冊　昭和の航空史』酣燈社、一九八九年
『世界の艦船9月号増刊　日本巡洋艦史』海人社、一九九一年
『世界の傑作機52　ボーイングB-29』文林堂、一九九五年
『別冊航空情報　名機100　増補改訂版』酣燈社、二〇〇〇年
『丸メカニック　28　九六式艦上戦闘機』潮書房、一九八一年
『歴史群像太平洋戦史シリーズ21　金剛型戦艦』学習研究社、一九九九年

石橋隆幸「日英交流１５０周年扉が開いたその時」『ながさき経済』一八〇号 http://dl.ndl.go.jp/view/download/digidepo_8225124_po_200410_3_nichiei.pdf?contentNo=1&alternativeNo=　長崎経済研究所（二〇一八年三月一日参照）
「日本の自動車技術３３０選」http://www.jsae.or.jp/autotech/index.php　公益社団法人自動車技術会（二〇一八年六月一日参照）
「阿波丸救恤品輸送」http://www.jsu.or.jp/siryo/sunk/pdf/awa.pdf　戦没した船と海員の資料館（二〇一八年六月一日参照）
「原子力船「むつ」」https://www.jaea.go.jp/04/aomori/nuclear-power-ship/　国立研究開発法人日本原子力研究開発機構青森研究開発センター（二〇一八年六月一日参照）
「ＷＥ　ＭＡＫＥ　ＦＵＮ」https://www.huffybikes.com/125　ＨＵＦＦＹ（二〇一八年三月二五日参照）
「国家公務員の初任給の変遷（行政職俸給表（一））」http://www.jinji.go.jp/kyuuyo/kou/starting_salary.pdf　人事院（二〇一七年九月十五日参照）
「一世帯当たり年平均一か月間の収入と支出—二人以上の世帯のうち勤労者世帯、全都市(昭和二三年～三七年)」http://www.jinji.go.jp/kyuuyo/kou/starting_salary.pdf　人事院（二〇一七年九月十五日参照）

若林宣（わかばやし　とおる）

1967年生まれ。フリーライター。歴史と交通・乗り物に関する執筆を行っている。著書に『帝国日本の交通網：つながらなかった大東亜共栄圏』（青弓社、2016年）、『戦う広告―雑誌広告に見るアジア太平洋戦争』（小学館、2008年）、『羽後交通雄勝線―追憶の西馬音内電車』ほかRM LIBRARYシリーズ（ネコパブリッシング）などがある。